FRP-混凝土-钢双层空心管柱受压试验及理论模型

王 代 著

中国建材工业出版社

图书在版编目（CIP）数据

FRP-混凝土-钢双层空心管柱受压试验及理论模型 /
王代著 . -- 北京：中国建材工业出版社，2019.8
ISBN 978-7-5160-2570-3

Ⅰ.①F… Ⅱ.①王… Ⅲ.①纤维增强混凝土—钢筋
混凝土柱—管柱—研究 Ⅳ.①TU323.1

中国版本图书馆 CIP 数据核字（2019）第 122218 号

FRP-混凝土-钢双层空心管柱受压试验及理论模型

FRP-Hunningtu-Gang Shuangceng Kongxinguanzhu Shouya Shiyan ji Lilun Moxing

王 代 著

出版发行：中国建材工业出版社

地　　址：北京市海淀区三里河路 1 号

邮　　编：100044

经　　销：全国各地新华书店

印　　刷：北京雁林吉兆印刷有限公司

开　　本：787mm×1092mm　1/16

印　　张：6

字　　数：110 千字

版　　次：2019 年 8 月第 1 版

印　　次：2019 年 8 月第 1 次

定　　价：**38.00 元**

前　　言

桥梁是跨越江河、海峡、峡谷等障碍的架空建筑物,在我国四通八达的交通网络中发挥着重要作用。伴随着桥梁技术的迅猛发展,我国出现了越来越多的跨海大桥,如苏通长江公路大桥、杭州湾跨海大桥、港珠澳大桥等。桥梁中的钢筋混凝土柱,尤其是长期处于沿海水位变化区的墩柱等工程结构,其混凝土易于剥蚀、钢筋经常锈蚀,是影响建筑物安全和耐久的病险隐患。随着高速铁路的迅速发展及"一带一路"倡议的推进,近期及未来将修建更多的跨海大桥及其相关建筑,而无论低墩区还是高墩区都将会对墩柱的耐腐蚀性能提出更高的要求。由于纤维增强聚合物(fiber reinforced polymer,简称 FRP)具有较高的比强度和耐腐蚀性等,正日益广泛地用于既有结构的加固修复和新建结构中。

FRP-混凝土-钢双层空心管柱由内层钢管、外层 FRP 管和二者之间填充的混凝土三部分组成,这种新型组合柱能充分发挥 FRP、混凝土和钢管三种材料各自的优点,具有良好的受压和耐久性能,可用于水利、桥梁、工业与民用建筑等工程领域。

为了给 FRP-混凝土-钢管组合方柱的设计和施工提供依据和参考,促进其在易腐蚀环境等恶劣条件下的工程应用,本书进行了 FRP-混凝土-钢双层空心管柱受压性能的试验研究和理论分析。全书共 6 章,包括绪论、FRP-混凝土-钢双层空心管柱轴心受压试验概况、轴心受压试验现象及结果分析、轴压承载力计算方法、偏心受压试验与承载力计算方法、结论与展望等。主要研究成果如下:

(1)通过 25 根方柱和 6 根圆柱的轴心受压试验,研究了空心率、钢管径厚比和FRP 约束特征值等对 FRP-混凝土-钢管组合方柱轴压性能的影响。结果表明,外层 FRP管和内层钢管对 FRP-混凝土-钢管组合方柱中的混凝土具有较大约束,混凝土的强度和延性均得到显著提高;FRP-混凝土-钢管组合方柱极限承载力较钢管与混凝土承载力的叠加值提高 9%~41%。外层 FRP 约束特征值对 FRP-混凝土-钢管组合方柱和组合实心方柱的轴压性能均有显著影响,FRP-混凝土-钢管组合方柱轴压承载力随 FRP 约束特征值的增大而提高。将方柱等效为圆柱,并分别考虑 FRP-混凝土-钢管组合方柱外层 FRP管、内层钢管和夹层混凝土的极限状态,建立了 FRP-混凝土-钢管组合方柱轴压承载力的理论计算模型。

(2)基于本书和相关文献关于组合方柱的轴压试验结果,分析了空心率、钢管径厚比和 FRP 布层数等对 FRP-混凝土-钢管组合方柱轴压承载力的影响。将 FRP-混凝土-钢管组合方柱夹层混凝土分为强约束区和弱约束区,结合对本书和相关文献 FRP-混凝土-

1

钢管组合圆柱试验结果的统计分析，提出了 FRP-混凝土-钢管组合方柱轴压承载力的简化计算模型；基于对本书和国内外相关文献关于 FRP 约束混凝土实心方柱、空心方柱以及 FRP-混凝土-钢管组合方柱试验结果的综合分析，提出了考虑 FRP 布层数、空心率及钢管径厚比影响的 FRP-混凝土-钢管组合方柱轴压承载力计算公式。

（3）对比分析了 FRP-混凝土-钢管组合方柱、FRP 约束混凝土实心方柱及 FRP 约束混凝土空心方柱的轴压性能。结果表明，FRP 约束特征值对 FRP 约束混凝土空心方柱的影响有所降低。当空心率为 0.72 时，4 层 FRP 布约束混凝土空心方柱的承载力与 2 层 FRP 布约束混凝土空心方柱的承载力基本相同，最大增长幅度仅为 9.4%，内部的空心明显降低了外部 FRP 布的约束效果及柱的整体性能。

（4）循环轴压荷载对 FRP-混凝土-钢管组合方柱极限承载力的影响不明显，且组合方柱在循环荷载下仍然具有良好的延性。随着卸载/再加载循环次数的增多，FRP-混凝土-钢管组合方柱的塑性变形增大。循环荷载作用下，FRP-混凝土-钢管组合方柱承载力随径厚比减小而逐渐增大，当径厚比由 25.1 减小至 16.1 时，极限承载力增大约 9.7%。

（5）进行了 19 根 FRP-混凝土-钢管组合方柱的偏心受压试验，重点研究偏心距和轴向 FRP 布层数对其偏压性能的影响。结果表明，偏心荷载作用下，组合方柱试件承载力随偏心距的增大而显著降低。随着受拉侧轴向 FRP 布由 1 层增为 2 层，轴向荷载-侧向挠度曲线呈现更加刚性化的特征，极限承载力提高 3.6%～13%。偏心距为 15mm、30mm、45mm 的 FRP-混凝土-钢管组合方柱的轴向荷载-侧向挠度曲线的发展趋势相似，仅下包面积随偏心距的增大而逐渐减小。基于截面分析和条带划分方法，提出了适用于 FRP-混凝土-钢管组合方柱偏压承载力计算的理论模型；将 FRP-混凝土-钢管组合方柱的混凝土和钢管不规则应力图等效为矩形应力图，建立了钢管截面不同受压状态下组合方柱偏压承载力的简化计算公式。

本书基于轴心受压、偏心受压试验，对 FRP-混凝土-钢双层空心管柱受压性能进行了系统的基础研究，可供交通工程、水利工程、建筑工程相关领域的科研人员、工程技术人员、本科生、研究生参考使用。

本书在试验方案的制定、顺利实施及理论分析过程中，得到了河南省工程材料与水工结构重点实验室高丹盈教授、朱海堂教授、赵军教授等老师给予的帮助与指导，在此深表感谢；本书的研究工作，参考了大量的期刊、学位论文、有关的规范和手册，在此对这些文献的编撰者一并表示感谢。

由于作者水平有限，本书难免存在疏漏之处，敬请批评指正。

王 代

2019 年 7 月

目　　录

第1章 绪 论

1.1 研究背景及意义

渡槽和桥梁是重要的渠系建筑物，在南水北调等大型水利工程中发挥着重要作用。渡槽下部支撑结构和桥梁中的钢筋混凝土柱，尤其是长期处于沿海水位变化区的墩柱等工程结构，其混凝土易于剥蚀、钢筋经常锈蚀，是影响建筑物安全性和耐久性的病险隐患。

与钢材和混凝土两种传统材料相比，纤维增强聚合物（fiber reinforced polymer，简称FRP）是以纤维（如碳纤维、玻璃纤维、芳纶纤维或玄武岩纤维）为增强材料，以合成树脂为基体材料，形成的一种新型复合材料，具有比强度高、比模量大、耐腐蚀性能好等特点。将FRP作为增强和加固材料，用于新建和既有渡槽和桥梁的加固中，是解决渡槽和桥梁及其他水工建筑物安全和耐久问题的较好方法之一，已引起国内外学者的高度重视。FRP在水利、土木、交通和港口等工程中的应用也日益广泛。

近年来，国内外学者对全FRP结构以及FRP和其他材料组合而成的新建结构进行了大量的研究[1-10]，例如FRP桥面板、FRP管约束混凝土柱和桩以及FRP索等。但是，FRP也有其自身的缺点，如价格较高、线弹脆性、弹模与强度比值较低以及防火性能差。因此，FRP应该与混凝土或钢材结合，形成新型的组合结构，充分发挥FRP、混凝土和钢材各自的优势，降低自身缺陷的影响。

FRP-混凝土-钢双层空心管柱由内层钢管、外层FRP管和两者之间的夹层混凝土构成[11]，混凝土受到FRP管与钢管的双重约束，同时钢管的屈曲因此延缓，从而使组合柱具有较高的延性。组合柱内层钢管的空心还有利于建筑结构中一些预埋管线的通过。钢管内部有必要时也可以填充混凝土。已有研究表明，这种新型组合柱能充分发挥FRP、混凝土和钢材三种材料各自的优点，具有良好的受力和耐久性能，可用于水利、桥梁、工业与民用建筑等工程领域。

鉴于国内外对FRP-混凝土-钢管组合方柱受压性能的研究较少，为了给FRP-混凝土-钢管组合方柱的设计和施工提供参考与依据，促进其在易腐蚀环境等恶劣条件下的工程结构中的应用，本书通过FRP-混凝土-钢管组合方柱轴压和偏压性能的试验研究和理论分析，建立FRP-混凝土-钢管组合方柱轴压和偏压承载力的理论计算模型和计算公式。

1.2 国内外研究现状

1.2.1 新型组合柱的研究

陶忠等[12]综述了在薄壁钢管混凝土柱、中空夹层钢管混凝土柱、FRP约束钢管混凝土柱和FRP约束混凝土柱等研究方面取得的一些进展，并分析了其工作性能，以期为相关的研究提供参考。

胡波、王建国[13]针对FRP约束混凝土柱的力学性能和耐久性能，从试验研究和数值模拟两方面进行了综述；针对FRP管-钢管约束混凝土柱、FRP约束钢骨混凝土柱和FRP-混凝土-钢双层空心管柱等的研究进行了简要综述。

闫昕[14]引入纤维混凝土智能组合柱的概念，针对FRP-钢复合管约束混凝土新型组合结构，进行了包括轴压力学性能、耐久性、抗震性能以及自监测性能的研究，并基于自监测信息提出了FRP-钢复合管约束混凝土力学性能损伤评价方法和耐久性损伤评价方法。

周乐等[15]提出了一种不增加构件截面尺寸而又提高承载能力、抗剪能力和抗震延性的新型柱——FRP约束钢骨高强混凝土柱，即在混凝土内部埋设型钢，并给出了大小偏心受压柱的承载力计算公式。

于峰[16]提出了新型无刻槽的PVC-FRP管约束混凝土柱，将FRP布按一定的间距缠绕在PVC管外面。重点进行了轴压性能的试验和理论研究，建立了PVC-FRP管约束混凝土柱在轴压和偏压荷载下的应力-应变模型。

黎德光[17]进行了偏心荷载下PVC-FRP管钢筋混凝土柱的试验和理论研究，在理论分析中将钢筋等效成圆形钢环。

1.2.2 FRP约束混凝土柱的研究

因FRP-混凝土-钢双层空心管柱是由FRP管和钢管组合而成，在研究中需要借鉴FRP约束混凝土柱的经验，包括试验方法、理论分析模型的建立、在已有FRP约束混凝土柱设计和分析模型的基础上进行对比和修正等，故对其研究现状进行深入系统的了解就显得非常重要。

关于FRP约束混凝土实心圆柱，其核心混凝土处在均匀梯度约束下，在外部FRP约束超过一定临界值后，被套箍的混凝土大致呈现出双线性应力-应变关系[3]。FRP约束混凝土实心柱的力学性能主要取决于外FRP管的刚度和柱的截面尺寸，最终因外部FRP管或所缠FRP布达到其抗拉强度被拉断（裂）而不能继续承载破坏。基于试验结果，关于FRP约束混凝土实心柱，其中被约束混凝土的较多应力-应变模型被提出，包括近似表达的设计模型[3]，以及通过程序预测的分析模型等[18-19]。

近年来，关于 FRP 约束混凝土柱的研究较多集中于理论分析方面，主要有 FRP 约束混凝土应力-应变关系的设计模型和塑性模型研究。

1.2.2.1　FRP 约束混凝土柱轴压性能研究

吴刚等[20-21]基于搜集的国内外 FRP 约束混凝土柱轴压试验数据结果，分析发现，约束混凝土的应力-应变关系曲线主要与侧向约束强度、无约束混凝土强度及转角半径等参数有关。若侧向约束应力较小，应力-应变曲线将进入软化阶段，否则，将进入硬化阶段；进入硬化阶段的应力-应变关系曲线有明显的线性，但斜率比初始阶段要低；并提出了有软化段应力-应变曲线转折点处的峰值应力、应变及无软化段的极限应力、应变的计算公式，建立了 FRP 约束混凝土圆柱及方柱的应力-应变设计模型。

刘明学等[22]基于 305 个 FRP 约束混凝土圆柱试验结果，通过纤维特征值、FRP 层合结构和加载方式 3 个影响因素的分析，建立了 FRP 约束混凝土圆柱应力-应变关系设计模型。

敬登虎等[23]基于国内关于 FRP 约束混凝土方柱的试验研究，对截面形状、约束强度和刚度、未约束混凝土强度、拐角应力集中等影响参数进行分析，并给出强约束临界点计算公式；针对强弱两种不同约束情况，分别提出了适合于 FRP 约束混凝土方柱的抛物线加直线的两段式应力-应变关系简化公式。

魏洋等[24]基于大量试验结果分析，给出了 FRP 约束混凝土矩形柱强、弱约束的分界值，建立了有软化段时应力-应变关系的设计模型。

Yu T 等[25]提出 Drucker-Prager 塑形理论模型，预测单一约束状态下的混凝土性能；Yu T 等[26]基于 ABAQUS 中混凝土损伤-塑性模型理论，用损伤弹性的概念模拟非单一约束状态下的混凝土性能。

于峰等[27]基于双剪统一强度理论建立了 FRP 约束混凝土柱的承载力计算模型。

于峰等[28]基于对已有模型的分析研究，通过引入约束效应折减系数，建立了适用于圆柱、矩形柱和椭圆形柱极限抗压强度计算的 FRP 约束混凝土柱统一强度模型。

Mirmiran A 等[29]通过 7 个玻璃纤维增强聚合物（glass fiber reinforced polymer，简称 GFRP）管约束混凝土柱试件的轴压试验，研究长细比对柱性能的影响，长细比最大达 36。结果表明：长柱的强度、轴向应变和环向应变分别为相应短柱的 71%、85% 和 87%。

Lam L 等[3]进行了 18 个 FRP 约束圆形混凝土短柱轴向加压、卸压试验，循环加压/卸压方案包括 1 次循环和 3 次循环。结果表明：循环加压、卸压对 FRP 约束圆形混凝土柱的应力-应变关系影响较小。

Lam L 等[30]基于搜集的 24 个 FRP 约束混凝土柱和 6 个 FRP 约束钢筋混凝土柱的循环轴压试验数据，建立了循环轴压荷载下 FRP 约束混凝土柱应力-应变关系模型。

Rousakis 等[31]对 92 个 FRP 约束方形混凝土短柱进行了轴向加压、卸压试验。结果表明：循环加压、卸压对 FRP 约束方形混凝土柱的应力-应变关系影响较小；基于对已有理论模型的分析，提出了一个预测应力-应变关系的塑性理论模型。

1.2.2.2 FRP 约束混凝土柱偏压性能研究

Hadi 等[32-36]进行了 FRP 约束混凝土柱偏压性能试验及理论研究，考虑 FRP 类型、层数及缠绕方式，混凝土强度，偏心距，长细比等影响因素，探讨了新的约束材料——玻璃纤维网、金属铝网、钢丝网的约束效果。

Parvin A 等[37]进行了 9 个碳纤维增强聚合物（carbon fiber reinforced polymer，简称 CFRP）约束混凝土方柱的偏压试验，研究 FRP 层数、偏心距对偏压性能的影响；分别通过试验和数值模拟两种方法考察应变梯度对混凝土性能的影响，并将基于 MARC 软件的非线性有限元分析结果与试验结果进行了对比和验证。结果表明：应变梯度的存在降低了 FRP 对混凝土的约束效果，因此在构件设计时，应选择相对较小的 FRP 增强系数。

陶忠等[38-39]开展了 FRP 约束钢筋混凝土圆柱和方柱的偏压试验，考察了偏心距和长细比对其偏压性能的影响，建立了 FRP 约束钢筋混凝土圆柱偏压承载力的计算公式。

张铮[40-41]进行了 FRP 约束混凝土圆柱耐久性方面的试验研究，探讨了考虑长期荷载影响的相关理论计算方法。

Lignola G P 等[42]进行了 7 个 FRP 约束钢筋混凝土空心柱试件的偏压试验，分析不同偏心距下空心柱的峰值强度、破坏模式、延性、轴向应变等的变化规律，为后续组合柱的相关研究奠定基础。

关宏波等[43]进行了 15 根 FRP 管约束钢筋混凝土柱的受压试验，基于试验数据的统计分析得出长细比折减系数和偏心距折减系数，建立了适合 FRP 约束混凝土长柱和偏压柱的承载力计算公式。

大连理工大学的阮兵峰[44]和王宝立[45]分别进行了 FRP 管约束钢筋混凝土短柱和长柱的偏压性能试验研究，并基于试验结果分析，提出了相应承载力的简化计算公式。

1.2.3 中空夹层钢管混凝土柱的研究

中空夹层钢管混凝土柱是内外层钢管同心放置、钢管中间填充混凝土的空心柱，最先被提出是在 20 世纪 80 年代末。

陶忠团队[46-48]对中空夹层钢管混凝土柱进行了广泛深入的研究。2003 年，考虑长细比和偏心率，他们进行了 12 个方中空夹层钢管混凝土柱的偏压试验研究；利用数值解法，分析了压弯构件的荷载-变形全过程；通过轴压承载力和抗弯承载力的联合及相关系数的引入，建立了方中空夹层钢管混凝土柱偏压承载力的实用计算公式。2004 年，他们进行了 14 个圆中空夹层钢管混凝土短柱的轴压试验，研究空心率和径厚比的影响；进行了 12 个圆中空夹层钢管混凝土柱的偏压试验，考察偏心距和长细比的影响；基于试验数据分析，通过引入约束效应系数考虑外钢管和混凝土之间的相互作用，建立了应力-应变关系统一理论模型。2006 年，他们又利用有限元软件 ABAQUS 模拟了圆中空夹层钢管混凝土轴向荷载-变形全过程关系曲线。

1.2.4　FRP-混凝土-钢双层空心管柱的研究

国内外学者对 FRP-混凝土-钢双层空心管柱进行了大量的试验和理论研究,主要集中于圆形截面 FRP-混凝土-钢双层空心管柱。

(1) 滕锦光等[11,49-52]最先提出 FRP-混凝土-钢管双层组合柱的概念,研究了其受压性能以及梁式构件的抗弯性能。

他们进行了 18 个组合柱的轴压试验研究。试件混凝土均为普通强度,试件的尺寸为 ϕ152.5mm×305mm。结果表明:①柱内的混凝土被其外部的 FRP 管和内部的钢管有效地约束,内部的钢管因混凝土的作用屈曲被延迟或者不屈曲,整个柱构件的延性较好,组合柱的荷载-位移曲线与 FRP 约束混凝土实心柱相似;②FRP-混凝土-钢双层空心管柱,无论其总体性能还是 FRP 管的约束效果都明显优于 FRP 约束混凝土空心柱,FRP-混凝土-钢双层空心管柱内部的钢管发挥了关键作用,其有效地阻止了混凝土向内的剥落;③当 FRP-混凝土-钢双层空心管柱的空心率和径厚比(钢管外径与钢管壁厚之比)在一定范围时,其混凝土的力学行为与 FRP 约束混凝土实心柱极为相似;④FRP 管的厚度对 FRP-混凝土-钢管组合柱的轴压性能产生显著影响。

他们还进行了 14 个组合试件的弯曲性能试验,试件的尺寸为 ϕ152.5mm×1500mm,内部的空心直径为 76mm,以钢管厚度、FRP 层数及截面配置(钢管与试件是否同心放置)为研究参数,得到以下结论:①FRP-混凝土-钢管组合构件的延性较好,FRP 管对内部的混凝土产生约束,并提供抗剪承载力;②FRP-混凝土-钢管组合构件的抗弯性能,包括抗弯刚度、极限荷载和裂缝开展等,均可通过将钢管向受拉侧偏移或受拉侧配置 FRP 筋而得到提高。

2010 年,Yu T 等进行了 6 个 FRP-混凝土-钢管组合柱的偏压性能试验,试件的尺寸为 ϕ155mm×465mm,以偏心距为研究参数,分别为 0mm、9mm、18mm;讨论了轴向应变在试件高度中间截面上的变化规律。试验结果分析表明:试件均具有较好的延性,轴向压缩值达到高度的 1%;基于纤维单元法提出了所谓变量约束的偏压承载力计算模型。

2012 年,Yu T 等进行了 8 个组合短柱循环荷载下的轴压试验。结果表明:轴压循环荷载下,FRP-混凝土-钢管组合柱延性较好,其应力-应变曲线同单调荷载下相似,重复的加载/卸载循环对柱中混凝土的塑性应变和应力退化有累计效应;并分别对已有单调荷载下和循环荷载下的应力-应变模型进行了验证。

Yu T 等[53]通过已有的应力-应变关系有限元模型对处于内外管双重约束的混凝土进行 FRP 刚度、钢管刚度等试验参数的分析,基于模型验证反馈和搜集的相关试验数据的综合分析,提出了适用于 FRP-混凝土-钢管组合圆柱中混凝土的应力-应变关系模型。

(2) 钱稼茹、刘明学[54-59]在试验中采用预制的 FRP 外管,进行了长柱和短柱的轴压试验、FRP 管-混凝土-钢管组合构件的抗弯试验以及在定轴力和往复水平力联合作用下的抗震试验和相关的理论分析。

2006 年，他们完成了 3 根长细比分别为 16.8、16.9 和 33.7 的 FRP 管-混凝土-钢管组合长柱的轴压试验，外层 FRP 管有碳纤维管和混杂纤维管两种。试验表明：承载能力和变形能力随长细比的增大而下降；基于试验结果分析，提出了考虑长细比影响的 FRP 管-混凝土-钢管组合长柱的轴压承载力计算公式。

2007 年，他们完成了 3 根 FRP 管-混凝土-钢管组合构件的抗弯试验，采用条带法计算了 12 个 FRP 管-混凝土-钢管组合构件的截面弯矩-曲率曲线，并推导了其受弯承载力计算公式。

2008 年，他们完成了 10 个 FRP 管-混凝土-钢管组合短柱的轴心抗压试验，指出其破坏形态主要与钢管径厚比（钢管的直径与厚度的比值）、空心率（钢管或空心的直径与混凝土外直径的比值）和 FRP 约束程度有关。

2008 年，他们完成了 9 根双壁空心管柱试件在定轴力和往复水平作用下的抗震试验，发现其破坏形态有三种：内层钢管受拉屈服，混凝土压坏；内层钢管未受拉屈服，混凝土压坏或塑性铰区 FRP 管出现多条树脂受压剪切裂缝；塑性铰区 FRP 管压屈。

刘明学等[57]推导了双壁空心管压弯构件截面承载力计算公式，基于纤维特征值、内层钢管强度和含钢率等对双壁空心管截面轴力-弯矩关系的参数分析，提出了双壁空心管截面轴力-弯矩相关曲线方程。

钱稼茹、刘明学[59]采用 Clough 双线性恢复力模型作为双壁空心管柱塑性铰区弯矩-转角关系恢复力模型，推导了骨架线上两个控制点即屈服点和极限点的弯矩、转角计算式；基于建立的弯矩-转角恢复力模型，计算了 9 个双壁空心管柱试件截面的屈服弯矩和极限弯矩以及水平力加载位置的屈服水平位移、极限水平位移和水平力-位移滞回曲线。

（3）哈尔滨工业大学的张冰[60]在组合柱中采用高强混凝土，研究了 FRP-高强混凝土-钢管组合柱的轴压性能，共进行了 10 个 FRP 约束高强混凝土组合圆柱的单调轴压试验，试验参数为空心率和 FRP 种类，试件的尺寸为 $\phi204mm \times 400mm$。研究表明：空心率对 FRP-高强混凝土-钢管组合柱中混凝土的破坏形态有较大影响；FRP 约束高强混凝土实心柱呈剪切破坏形态；FRP 的极限断裂应变对 FRP-高强混凝土-钢管组合柱中混凝土强度的提高以及试件的整体延性有较大影响；通过对 FRP 约束混凝土应力-应变关系设计模型的验证和修正，得到了适用于普通混凝土和高强混凝土的 FRP 约束混凝土应力-应变关系设计模型；基于对 FRP-混凝土-钢管组合柱中混凝土应力-应变关系设计模型的验证和分析，得到了考虑混凝土强度影响的 FRP-高强混凝土-钢管组合柱中混凝土的应力-应变关系设计模型。

2006 年，哈尔滨工业大学深圳研究生院的余小伍等[61-62]基于已有试验研究成果，利用有限元软件 ABAQUS 对 FRP 管-混凝土-钢管组合柱的轴压性能进行了研究分析。

结果表明：通过合理选择材料的应力-应变关系模型和单元类型，有限元方法可用于 FRP-混凝土-钢管组合柱性能的分析与评价。

（4）浙江大学的卢哲刚[63]采用预制的 FRP 外管，实施了组合长柱的偏心受压试验，并编制了正截面承载力的计算程序。许平[64]进行了组合长柱的偏心受压性能试验研究。结果表明：组合长柱的偏压承载力随 FRP 管壁厚的增大而增大，随着偏心距的增大而减小，随着截面空心率的减小而增大。

（5）澳大利亚 Ozbakkaloglu T 等采用芳纶纤维增强聚合物（aramid fiber reinforced polymer，简称 AFRP）或碳纤维增强聚合物（carbon fiber reinforced polymer，简称 CFRP）外管，夹层混凝土采用高强混凝土研究了该组合柱在单调和循环荷载作用下的轴压性能和抗震性能以及作为梁式构件的抗弯性能。

Ozbakkaloglu T 等[65-70]通过试验研究了内钢管、混凝土强度、截面配置等对组合柱轴压性能的影响。

Albitar M 等[71-73]通过组合柱试件的轴压试验，研究循环荷载作用下 FRP 类型及厚度、钢管厚度、混凝土强度等参数对组合柱轴压性能的影响。

Idris Y、Ozbakkaloglu T[74-75]分别通过反循环荷载下 4 个组合梁式试件和单调荷载下 8 个组合梁式试件（其中包括一个方形截面对比试件）的抗弯试验，研究内钢管尺寸、截面配置（钢管内是否填充混凝土）等对 FRP-高强混凝土-钢管组合构件抗弯性能的影响。

Ozbakkaloglu T、Idris Y[76]通过定轴力和往复水平力联合作用下 10 个组合柱试件（其中包括一个方形截面对比试件）的抗震试验，研究轴压比、FRP 类型及层数、截面配置（钢管内是否填充混凝土、混凝土内是否配置钢筋）、混凝土强度、钢管厚度等参数对 FRP-混凝土-钢管组合柱抗震性能的影响。

目前，关于 FRP-混凝土-钢管组合方柱的研究较少，尤其是偏压性能研究方面。

2009 年，福州大学的王志滨、陶忠[77]对 6 个 FRP-混凝土-钢管组合受弯构件进行了试验研究，试件截面形状包括方形和圆形两种，内部统一采用圆钢管。研究参数主要有截面形状、FRP 缠绕方式（单向、双向）和 FRP 层数（1 层、2 层），试件尺寸为 204mm（边长或直径）×1400mm（长度），方柱倒角半径为 20mm。试验表明：纵向 FRP 断裂前，组合受弯构件的各组成材料能够较好地协同工作；当采用双向 FRP 布时，试件呈脆性破坏，采用单向 FRP 布时，试件呈延性破坏。

2010 年，韩林海等[78]进行了 FRP-混凝土-钢管组合柱（4 个方柱和 4 个圆柱）滞回性能的试验研究，试件尺寸为 150mm（边长或直径）×1500mm（长度），方柱倒角半径为 25mm。试件制作时，将内钢管焊接在 16mm 厚的钢板上，然后立钢模板浇筑混凝土。考察轴压比（0.02、0.3、0.6）和 FRP 的层数（1 层、2 层）对强度、延性、刚度和能量消耗等的影响。试验表明：纵向 FRP 开裂前，柱保持良好的耗散能量的能力，之后侧向承载力急剧下降；试验中由于轴向力的存在，构件延性会有某种程度的提高。

Yu T 等[79]进行了 10 个组合方柱试件的轴压试验，并基于试验结果分析，提出了组合柱中混凝土的应力-应变关系模型。

Ozbakkaloglu T 等[80]通过 40 个方柱试件，研究截面配置（内钢管有圆形、方形，钢管内是否填充混凝土）、混凝土强度等参数对 AFRP-混凝土-钢管组合方柱轴压性能的影响。

胡波、王建国[81-86]基于弹塑性力学等理论，借助有限元软件和数值方法建立了 FRP 约束混凝土柱和 FRP-混凝土-钢管组合柱的理论模型，研究参数覆盖截面形状、FRP 管（布）的层数、钢管厚度、加载方式等，以期为进一步深入的理论分析提供借鉴。

Ozbakkaloglu[87]基于 FRP 管和钢管间夹层混凝土与钢管内核心区混凝土所受约束的不同，提出夹层区采用普通混凝土、核心区采用高强混凝土的双强度组合体系，在轴压性能方面开展了相关研究。深圳大学 Yingwu Zhou 等[88]为了进一步减轻结构的自重，研究了 FRP-全轻骨料混凝土-钢管组合柱的轴压性能。基于可持续发展的绿色混凝土理念，Junai Zheng、Togay Ozbakkaloglu[89]研究了截面形状、混凝土强度、再生骨料取代率对 FRP-再生混凝土-钢管组合柱轴压性能的影响；苏志[90]研究了 FRP-再生混凝土-钢管组合长柱的轴压性能。邹淼、Rui Wang 等[91-92]探讨了组合柱在侧向撞击下的动力性能；美国 Omar I. Abdelkarim 等[93]借助于 LS-DYNA 软件对组合空心柱在车辆冲击下的性能进行了模拟分析。

2015 年，B. Zhang、J. G. Teng 等[94]考虑了 FRP 厚度、混凝土强度、轴压比等参数，进行了较大尺寸（直径 300mm、长 1350mm）组合圆柱在定轴力和往复水平荷载作用下抗震性能的研究。

2016 年，J. L. Zhao、J. G. Teng 等[95]研究了在钢管和混凝土截面间设置连接键的较大尺寸组合构件的抗弯性能。Omar I. Abdelkarim 等[96]报道了 3 根大尺寸（直径 610mm、长 2413mm，其中一根钢筋混凝土实心柱作为对比试件）组合柱在定轴力和往复水平荷载作用下的抗震性能研究。

1.3 存在的问题及主要研究内容

1.3.1 存在的问题

分析国内外关于 FRP-混凝土-钢管组合柱的研究现状发现，大多数集中于圆形截面组合柱轴心受压性能的研究，以及作为梁式构件的抗弯性能和抗震性能的研究，为进一步深入研究 FRP-混凝土-钢管组合柱奠定了基础。

相对于 FRP 约束混凝土柱，在限制 FRP 加固量，使其在承载方面不起决定作用的特定条件下，FRP-混凝土-钢管组合柱的防火性能较好，且能使用传统的梁柱连接方法，相对自重轻，更适合用于建筑物中的大直径柱、处于水位变化区的桥梁墩柱以及其他水工构筑物等。方形截面柱因其空间布置方便等优良性能，与圆形截面柱有着几乎同样的应用范围。为了促进 FRP-混凝土-钢管组合方柱在工程中的应用，弥补国内外在 FRP-混凝土-钢管组合方柱轴压和偏压性能研究方面的不足，深入研究 FRP-混凝土-钢管组合方柱轴压和偏压性能，建立 FRP-混凝土-钢管组合方柱轴压和偏压承载力的理论计算模型和计算公式十分必要。

1.3.2　主要研究内容

针对 FRP-混凝土-钢管组合柱的研究现状和存在的问题，本书通过 FRP-混凝土-钢管组合方柱轴心受压和偏心受压试验，分析 FRP 类型和层数、空心率、内钢管径厚比等对 FRP-混凝土-钢管组合方柱受压性能的影响，探讨 FRP-混凝土-钢管组合方柱受压承载力的影响因素，建立相应的理论分析模型和计算公式。主要研究内容包括：

（1）FRP-混凝土-钢管组合方柱轴心受压试验研究

以截面形状、FRP 布层数及其类型、空心率、内钢管径厚比等为试验参数，设计制作 31 个 FRP-混凝土-钢管组合柱；通过单调和循环加载方式下 FRP-混凝土-钢管组合方柱轴心受压试验，分析组合方柱的破坏形式，研究试验参数对 FRP-混凝土-钢管组合方柱轴压性能的影响。

（2）FRP-混凝土-钢管组合方柱轴压承载力计算方法

基于极限平衡理论，对 FRP-混凝土-钢管组合方柱进行受力分析，提出组合方柱轴压承载力计算的理论模型。

根据本书和其他研究者有关 FRP-混凝土-钢管组合柱的轴压试验结果，分析空心率、钢管径厚比以及 FRP 布层数等对其轴压承载力的影响，建立 FRP-混凝土-钢管组合方柱轴压承载力的简化计算模型；基于简化计算模型及对本书和相关文献试验结果的统计分析，提出考虑 FRP 层数、空心率和钢管径厚比影响的 FRP-混凝土-钢管组合方柱轴压承载力的计算公式。

将计算结果与试验结果对比，验证计算方法的适用性。

（3）FRP-混凝土-钢管组合方柱偏心受压试验研究

以偏心距、受拉侧轴向 FRP 布层数为试验参数，设计制作 19 个 FRP-混凝土-钢管组合方柱；通过 FRP-混凝土-钢管组合方柱偏心受压试验，分析偏向荷载作用下 FRP-混凝土-钢管组合方柱的破坏形式，研究试验参数对 FRP-混凝土-钢管组合方柱偏压性能的影响。

（4）FRP-混凝土-钢管组合方柱偏压承载力计算方法

基于截面分析法，提出适用于 FRP-混凝土-钢管组合方柱偏压承载力计算的理论模型；通过建立混凝土应力-应变曲线第二部分直线斜率与偏心距的关系，考虑应变梯度的影响；利用该理论模型，研究轴向 FRP 布层数、环向 FRP 约束强度等相关参数对

FRP-混凝土-钢管组合方柱轴力-弯矩关系的影响；通过将组合方柱截面的混凝土和钢管不规则的应力图等效为矩形应力图，建立钢管截面不同受压状态下 FRP-混凝土-钢管组合方柱偏压承载力的简化计算公式。

本章参考文献

[1] Wong Y L，Yu T，Teng J G，et al. Behavior of FRP-confined concrete in annular section columns [J]. Composites Part B：Engineering，2008，39（3）：451-466.

[2] Wu G，Wu Z S，Lü Z T. Design-oriented stress-strain model for concrete prisms confined with FRP composites [J]. Construction and Building Materials，2007，21（5）：1107-1121.

[3] Lam L，Teng J G. Design-oriented stress-strain model for FRP-confined concrete [J]. Construction and Building Materials，2003，17（6-7）：471-489.

[4] Lam L，Teng J G. Design-oriented stress-strain model for FRP-confined concrete in rectangular columns [J]. Journal of Reinforced Plastic and Composites，2003，22（13）：1149-1186.

[5] Teng J G，Jiang T，Lam L，et al. Refinement of a design-oriented stress-strain model for FRP-confined concrete [J]. Journal of Composites for Construction，2009，13（4）：269-278.

[6] Campione G，Miraglia N. Strength and strain capacities of concrete compression members reinforced with FRP [J]. Cement & Concrete Composites，2003，25：31-41.

[7] Lam L，Teng J G. Strength models for fiber-reinforced plastic-confined concrete [J]. Journal of Structural Engineering，2002，128：612-623.

[8] 周先雁，曹国辉. CFRP 吊索钢管混凝土拱桥长期受力性能试验研究 [J]. 中国铁道科学，2008（03）：34-39.

[9] Bin Li. Seismic performance of hybrid fiber reinforced polymer-concrete pier frame systems [D]. Miami，Florida：Florida International University，2008.

[10] 黄利勇. 常用桥型 FRP 桥面板设计研究 [D]. 武汉：武汉理工大学，2007.

[11] 滕锦光，余涛，黄玉龙，等. FRP 管-混凝土-钢管组合柱力学性能的试验研究和理论分析 [J]. 建筑钢结构进展，2006，8（5）：1-7.

[12] 陶忠，于清. 新型组合结构柱的性能研究 [J]. 建筑钢结构进展，2006，8（5）：17-29.

[13] 胡波，王建国. FRP 约束混凝土柱的研究现状与展望 [J]. 建筑科学与工程学报，2009（3）：96-104.

[14] 闫昕. 纤维混凝土智能组合柱研究 [D]. 哈尔滨：哈尔滨工业大学，2010.

[15] 周乐，王连广，李绥. FRP 约束 SRHC 压弯构件正截面承载力计算 [J]. 东北大学学报（自然科学版），2008（03）：408-411.

[16] 于峰. PVC-FRP 管混凝土柱力学性能的试验研究与理论分析 [D]. 西安：西安建筑科技大学，2007.

[17] 黎德光. 偏压 PVC-FRP 管钢筋混凝土柱力学性能研究 [D]. 合肥：安徽工业大学，2013.

[18] Teng J G，Lam L. Behavior and modeling of fiber reinforced polymer-confined concrete [J]. Journal of Structural Engineering-ASCE，2004，130（11）：1713-1723.

[19] Teng J G，Huang Y L，Lam L，et al. Theoretical model for fiber-reinforced polymer-confined concrete [J]. Journal of Composites for Construction，2007，11（2）：201-210.

[20] 吴刚，吴智深，吕志涛. FRP 约束混凝土圆柱有软化段时的应力-应变关系研究 [J]. 土木工程学报，2006（11）：7-14.

[21] 吴刚，吕志涛. 纤维增强复合材料约束混凝土矩形柱应力-应变关系的研究 [J]. 建筑结构学报，2004，25（3）：99-106.

[22] 刘明学，钱稼茹. FRP 约束圆柱混凝土受压应力-应变关系模型 [J]. 土木工程学报，2006（11）：1-6.

[23] 敬登虎，曹双寅. 方形截面混凝土柱 FRP 约束下的轴向应力-应变曲线计算模型 [J]. 土木工程学报，2005（12）：32-37.

[24] 魏洋，吴刚，吴智深，等. FRP 约束混凝土矩形柱有软化段时的应力-应变关系研究 [J]. 土木工程学报，2008（03）：21-28.

[25] Yu T，Teng J G，Wong Y L，et al. Finite element modeling of confined concrete-Ⅰ：drucker-prager type plasticity model [J]. Engineering Structures，2010，32（3）：665-679.

[26] Yu T，Teng J G，Wong Y L，et al. Finite element modeling of confined concrete-Ⅱ：plastic-damage model [J]. Engineering Structures，2010，32（3）：680-691.

[27] 于峰，牛荻涛. 基于双剪统一强度理论的 FRP 约束混凝土的承载力 [J]. 哈尔滨工业大学学报，2009（12）：186-189.

[28] 于峰，牛荻涛，贺拴海. 纤维复合材料约束混凝土柱的统一强度模型 [J]. 长安大学学报（自然科学版），2010（02）：70-74.

[29] Mirmiran A，Shahawy M，Beitleman T. Slenderness limit for hybrid FRP-concrete columns [J]. Journal of Composites for Construction，2001，5（1）：26-34.

[30] Lam L，Teng J G. Stress-strain model for FRP-confined concrete under cyclic axial compression [J]. Engineering Structures，2009，31（2）：308-321.

[31] Rousakis T C，Karabinis A I，Kiousis P D. FRP-confined concrete members：Axial compression experiments and plasticity modeling [J]. Engineering Structures，2007，29（7）：1343-1353.

[32] Hadi M N S. Behaviour of FRP strengthened concrete columns under eccentric compression loading [J]. Composite Structures，2007，77（1）：92-96.

[33] Hadi M N S. Behaviour of FRP wrapped normal strength concrete columns under eccentric loading [J]. Composite Structures，2006，72（4）：503-511.

[34] Hadi M，Zhao H. Experimental study of high-strength concrete columns confined with different types of mesh under eccentric and concentric loads [J]. Journal of Materials in Civil Engineering，2011，23：823-832.

[35] Hadi M N S. The behaviour of FRP wrapped HSC columns under different eccentric loads [J]. Composite Structures，2007，78（4）：560-566.

[36] Li J，Hadi M N S. Behaviour of externally confined high-strength concrete columns under eccentric loading [J]. Composite Structures，2003，62（2）：145-153.

[37] Parvin A，Wang W. Behavior of FRP jacketed concrete columns under eccentric loading [J]. Journal of Composites for Construction，2001，5（3）：146-152.

[38] 陶忠，于清，韩林海，等．FRP 约束钢筋混凝土圆柱力学性能的试验研究 [J]．建筑结构学报，2004，25（6）：75-82，87．

[39] 陶忠，于清，滕锦光．FRP 约束方形截面钢筋混凝土偏压长柱的试验研究 [J]．工业建筑，2005（9）：5-7．

[40] 李趁趁．FRP 加固混凝土结构耐久性试验研究 [D]．大连：大连理工大学，2006．

[41] 张铮．长期荷载作用对 FRP 约束混凝土柱力学性能的影响 [D]．福州：福州大学，2003．

[42] Lignola G P，Prota A，Manfredi G，et al. Experimental performance of RC hollow columns confined with CFRP [J]. Journal of Composites for Construction，2007，11（1）：42-49．

[43] 关宏波，王清湘．玻璃纤维增强套管钢筋混凝土组合柱偏压承载力计算 [J]．工业建筑，2012（10）：42-46．

[44] 阮兵峰．GFRP 套管钢筋混凝土短柱偏压力学性能研究 [D]．大连：大连理工大学，2009．

[45] 王宝立．GFRP 管钢筋混凝土长柱偏压力学性能研究 [D]．大连：大连理工大学，2010．

[46] 陶忠，韩林海，黄宏．方中空夹层钢管混凝土偏心受压柱力学性能的研究 [J]．土木工程学报，2003，36（2）：33-40，51．

[47] Tao Z，Han L，Zhao X. Behaviour of concrete-filled double skin（CHS inner and CHS outer）steel tubular stub columns and beam-columns [J]. Journal of Constructional Steel Research，2004，60（8）：1129-1158．

[48] 黄宏，陶忠，韩林海．圆中空夹层钢管混凝土柱轴压工作机理研究 [J]．工业建筑，2006，36（11）：11-14，36．

[49] Teng J G，Yu T，Wong Y L，et al. Hybrid FRP-concrete-steel tubular columns：concept and behavior [J]. Construction and Building Materials，2007，21（4）：846-854．

[50] Wong Y L，Yu T，Teng J G，et al. Behavior of FRP-confined concrete in annular section columns [J]. Composites Part B：Engineering，2008，39（3）：451-466．

[51] Yu T，Wong Y L，Teng J G. Behavior of hybrid FRP-concrete-steel double-skin tubular columns subjected to eccentric compression [J]. Advances in Structural Engineering，2010，13（5）：961-974．

[52] Yu T，Zhang B，Cao Y B，et al. Behavior of hybrid FRP-concrete-steel double-skin tubular columns subjected to cyclic axial compression [J]. Thin-Walled Structures，2012，61：196-203．

[53] Yu T，Teng J G，Wong Y L. Stress-strain behavior of concrete in hybrid FRP-concrete-steel double-skin tubular columns [J]. Journal of Structural Engineering，2010，136（4）：379-389．

[54] 钱稼茹，刘明学．FRP-混凝土-钢双壁空心管长柱轴心受压试验 [J]．混凝土，2006，203（9）：31-34．

[55] 钱稼茹，刘明学．FRP-混凝土-钢双壁空心管短柱轴心抗压试验研究 [J]．建筑结构学报，2008，29（2）：104-113．

[56] 钱稼茹，刘明学．FRP-混凝土-钢双壁空心管柱抗震性能试验 [J]．土木工程学报，2008（03）：29-36．

[57] 刘明学，钱稼茹．FRP-混凝土-钢双壁空心管截面轴力-弯矩关系研究 [J]．建筑结构，2008，38（8）：83-86．

[58] 刘明学，钱稼茹．FRP-混凝土-钢双壁空心管的截面弯矩-曲率全曲线 [J]．清华大学学报（自然

科学版)，2007（12）：2105-2110.

[59] 钱稼茹，刘明学. FRP-混凝土-钢双壁空心管柱塑性铰区弯矩-转角恢复力模型［J］. 工程力学，
　　　2008（11）：48-52.

[60] 张冰. FRP 管-高强混凝土-钢管组合短柱轴压性能试验研究［D］. 哈尔滨：哈尔滨工业大
　　　学，2009.

[61] 余小伍. CFRP-混凝土-钢管组合柱轴压性能的研究［D］. 哈尔滨：哈尔滨工业大学，2006.

[62] 解卫国，娄吉宏，余小伍. CFRP-混凝土-钢管组合柱轴心受压性能的有限元分析［J］. 广州建筑，
　　　2007（04）：3-8.

[63] 卢哲刚. FRP-混凝土-钢双管柱的设计方法研究［D］. 杭州：浙江大学，2012.

[64] 许平. FRP 管-混凝土-钢管组合柱承载力的试验研究［D］. 杭州：浙江大学，2013.

[65] Ozbakkaloglu T，Louk Fanggi B A. An experimental study on behavior of FRP-HSC-steel double-
　　　skin tubular columns under concentric compression［J］. Applied Mechanics and Materials，2013，
　　　357-360：565-569.

[66] Louk Fanggi B A，Ozbakkaloglu T. Compressive behavior of aramid FRP-HSC-steel double-skin tu-
　　　bular columns［J］. Construction and Building Materials，2013，48：554-565.

[67] Louk Fanggi B A，Ozbakkloglu T. Influence of concrete-filling inner steel tube on compressive be-
　　　havior of double-skin tubular columns［J］. Advanced Materials Research，2013，838-841：
　　　535-539.

[68] Fanggi B A L，Ozbakkloglu T. Influence of inner steel tube properties on compressive behavior of
　　　FRP-HSC-steel double-skin tubular columns［J］. Applied Mechanics and Materials，2013，438-
　　　439：701-705.

[69] Ozbakkaloglu T，Fanggi B L. Axial compressive behavior of FRP-concrete-steel double-skin tubular
　　　columns made of normal-and high-strength concrete［J］. Journal of Composites for Construction，
　　　2014，18（1）：(04013027) 1-13.

[70] Louk Fanggi B A，Ozbakkloglu T. Relative performance of FRP-concrete-steel double skin tubular
　　　columns versus solid and hollow concrete-filled FRP tubes［J］. Applied Mechanics and Materials，
　　　2014，501-504：3-7.

[71] Albitar M，Ozbakkaloglu T，Fanggi B A L. Behavior of FRP-HSC-steel double-skin tubular col-
　　　umns under cyclic axial compression［J］. Journal of Composites for Construction，2015，19（2）：
　　　(04014041) 1-12.

[72] Ozbakkaloglu T，Louk Fanggi B A. FRP-HSC-steel composite columns：behavior under monotonic
　　　and cyclic axial compression［J］. Materials and Structures，2015，48（4）：1075-1093.

[73] Louk Fanggi B A，Ozbakkaloglu T. Effect of loading pattern on performance of FRP-HSC-steel
　　　double skin tubular columns［J］. Advanced Materials Research，2014，919-921：83-87.

[74] Idris Y，Ozbakkaloglu T. Flexural behavior of FRP-HSC-steel double skin tubular beams under re-
　　　versed-cyclic loading［J］. Thin-Walled Structures，2015，87：89-101.

[75] Idris Y，Ozbakkaloglu T. Flexural behavior of FRP-HSC-steel composite beams［J］. Thin-Walled
　　　Structures，2014，80：207-216.

[76] Ozbakkaloglu T，Idris Y. Seismic behavior of FRP-high-strength concrete-steel double-skin tubular

columns [J]. Journal of Structural Engineering, 2014, 140 (2): (04014019) 1-14.

[77] 王志滨, 陶忠. FRP-混凝土-钢管组合受弯构件力学性能试验研究 [J]. 工业建筑, 2009 (04): 5-8.

[78] Han L, Tao Z, Liao F, et al. Tests on cyclic performance of FRP-concrete-steel double-skin tubular columns [J]. Thin-Walled Structures, 2010, 48 (6): 430-439.

[79] Yu T, Teng J G. Behavior of hybrid FRP-concrete-steel double-skin tubular columns with a square outer tube and a circular inner tube subjected to axial compression [J]. Journal of Composites for Construction, 2013, 17 (2): 271-279.

[80] Louk Fanggi B A, Ozbakkaloglu T. Square FRP-HSC-steel composite columns: behavior under axial compression [J]. Engineering Structures, 2015, 92: 156-171.

[81] 胡波. FRP 约束混凝土柱的受压性能研究 [D]. 合肥: 合肥工业大学, 2010.

[82] 胡波, 王建国. FRP 与钢双管约束混凝土应力-应变关系理论模型 [J]. 工程力学, 2010 (07): 154-160.

[83] 胡波, 王建国. FRP 约束混凝土柱强度和极限应变模型的比较 [J]. 土木建筑与环境工程, 2009 (05): 9-15.

[84] 胡波, 王建国. 钢管与混凝土粘结-滑移相互作用的数值模拟 [J]. 中国公路学报, 2009 (04): 84-91.

[85] 胡波, 王建国. FRP 约束圆形和矩形截面混凝土柱应力-应变关系统一计算模型 [J]. 西安建筑科技大学学报 (自然科学版), 2010 (03): 394-400.

[86] 胡波, 王建国. 轴压 FRP-混凝土-钢混合双管短柱数值模拟研究 [J]. 计算力学学报, 2011 (05): 723-729.

[87] Ozbakkaloglu T. A novel FRP-dual-grade concrete-steel composite column system [J]. Thin-Walled Structures, 2015 (96): 295-306.

[88] Yingwu Zhou, Xiaoming Liu, Feng Xing, et al. Behavior and modeling of FRP-concrete-steel double-skin tubular columns made of full lightweight aggregate concrete [J]. Construction and Building Materials, 2017 (139): 52-63.

[89] Junai Zheng, Togay Ozbakkaloglu. Sustainable FRP-recycled aggregate concrete-steel composite columns: behavior of circular and square columns under axial compression [J]. Thin-Walled Structures, 2017 (120): 60-69.

[90] 苏志. GFRP-再生混凝土-钢双管长柱轴压性能研究 [D]. 广州: 广东工业大学, 2016.

[91] 邹淼. 不同空心率的 FRP 管-混凝土-钢管组合柱在侧向撞击下的动力性能 [D]. 太原: 太原理工大学, 2016.

[92] Rui Wang, Lin-Hai Han, Zhong Tao. Behavior of FRP-concrete-steel double skin tubular members under lateral impact: experimental study [J]. Thin-Walled Structures, 2015 (95): 363-373.

[93] Omar I. Abdelkarim, Mohamed A. ElGawady. Performance of hollow-core FRP-concrete-steel bridge columns subjected to vehicle collision [J]. Engineering Structures, 2016 (123): 517-531.

[94] B. Zhang, J. G. Teng, T. Yu. Experimental behavior of hybrid FRP-concrete-steel double-skin tubular columns under combined axial compression and cyclic lateral loading [J]. Engineering Structures, 2015 (99): 214-231.

［95］J. L. Zhao，J. G. Teng，T. Yu，et al. Behavior of large-scale hybrid FRP-concrete-steel double-skin tubular beams with shear connectors ［J］. Journal of Composites for Construction，2016，20 (5)：(04016015) 1-11.

［96］Omar I. Abdelkarim，Mohamed A. ElGawady，Sujith Anumolu，et al. Behavior of hollow-core FRP-concrete-steel Columns under static cyclic flexural loading ［J］. Journal of Structural Engineering，2018，144 (2)：(04017188) 1-16.

第2章 FRP-混凝土-钢管组合方柱
轴心受压试验概况

2.1 引言

　　为研究 FRP-混凝土-钢管组合方柱的轴压性能，进行了 FRP 约束混凝土实心方柱、FRP 约束混凝土空心方柱、FRP-混凝土-钢管组合方柱、FRP-混凝土-钢管组合实心方柱（钢管内填充混凝土）以及 FRP-混凝土-钢管组合圆柱共计 27 个柱试件的单调轴压试验和 4 个 FRP-混凝土-钢管组合方柱在循环荷载下的轴压试验。通过量测组合柱的轴向荷载、轴向变形、环向应变以及轴向荷载下钢管的轴向应变和环向应变、破坏形态等，重点研究 FRP 类型及层数、空心率、钢管径厚比、截面形状、加载方式等对 FRP-混凝土-钢管组合方柱轴压性能的影响。

2.2 试件设计

2.2.1 试验参数设计

　　通过对国内外 FRP-混凝土-钢管组合柱轴压试验的分析，影响组合柱轴压性能的因素主要有 FRP 布（管）的类型、层数和缠绕方式，混凝土强度，空心率（钢管或空心的直径与混凝土外边长或直径的比值），径厚比（钢管的直径与厚度的比值），截面配置及形状，加载方式等。根据试验目的和试验条件，本书轴心受压试验共设计了 5 个对比系列：

　　（1）外缠 FRP 布的层数及类型。设计了 2 层 GFRP 布、4 层 GFRP 布、2 层 CFRP ＋2 层 GFRP 布三个系列。

　　（2）空心率系列。在 FRP-混凝土-钢管组合方柱三种钢管规格的选择中，尽量消除钢管径厚比的影响，即空心率不同的情况下，钢管径厚比尽量接近。设计了 0.51、0.72 两个对比系列。

　　（3）钢管径厚比系列。空心率为 0.72 时，设计了 27、18 两个径厚比系列。

　　（4）截面形状系列。基于与已有 FRP-混凝土-钢管组合圆柱研究的衔接，设计了 FRP-混凝土-钢管组合圆柱为截面形状对比系列。

（5）加载方式系列。作为一种适宜在强震区等土木建筑中使用的结构形式，其在循环荷载下的性能研究尤为迫切和重要。因此，在相同 FRP 布（2 层 CFRP＋2 层 GFRP）的基础上，针对内层三种不同规格钢管的组合方柱试件，改变其加载方式，设计加载方式分别为一次加压至破坏、卸压/再加压循环 3 次、卸压/再加压循环 5 次。

按混凝土外缠 FRP 布的层数及类型，设计了三个系列 9 组共 31 根柱试件，包括 13 根 FRP-混凝土-钢管组合方柱和 3 根组合实心方柱、3 根 FRP 约束混凝土实心方柱、6 根 FRP 约束混凝土空心方柱和 6 根 FRP-混凝土-钢管组合圆柱，截面形式分别如图 2.1 所示。

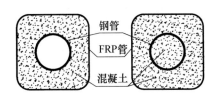

（a）组合方柱和组合实心方柱　　　（b）实心方柱和空心方柱　　　（c）组合圆柱

图 2.1　试件截面形式

方柱试件的混凝土外边长 150mm，倒角半径为 20mm，圆柱试件混凝土外直径为 154mm，柱高均为 500mm，试件的主要参数详见表 2.1。其中试件编号中第一个字母代表试件配置类型，"D"代表双层管柱，"S"代表实心柱，"H"代表空心柱；第二个字母代表试件截面形式，"S"代表方形，"C"代表圆形；第三个字母代表试件内层钢管或内部空心的形状，"C"代表圆形；第一个数字代表外 FRP 布的层数和类型，"1"代表 2 层 GFRP，"2"代表 4 层 GFRP，"3"代表 2 层 CFRP＋2 层 GFRP；第二个数字代表钢管的规格或空心的直径，"1"代表 $\phi108\times4$ 钢管或直径 108，"2"代表 $\phi76\times4$ 钢管或直径 76，"3"代表 $\phi108\times6$ 钢管。

表 2.1　试件的主要参数

组号	试件编号	内钢管规格（mm）	外缠 FRP 层数	空心率	径厚比
1	DSC11	$\phi108\times4$	2 层 GFRP	0.72	27
	DSC12-a	$\phi76\times4$		0.51	19
	DSC13	$\phi108\times6$		0.72	18
2	DCC11	$\phi108\times4$	2 层 GFRP	0.72	27
	DCC12	$\phi76\times4$		0.51	19
	DCC13	$\phi108\times6$		0.72	18
3	DSC21	$\phi108\times4$	4 层 GFRP	0.72	27
	DSC22-a	$\phi76\times4$		0.51	19
	DSC23	$\phi108\times6$		0.72	18

组号	试件编号	内钢管规格（mm）	外缠 FRP 层数	空心率	径厚比
4	DCC21	$\phi108\times4$	4 层 GFRP	0.72	27
	DCC22	$\phi76\times4$		0.51	19
	DCC23	$\phi108\times6$		0.72	18
5	DSC31	$\phi108\times4$	2 层 CFRP+ 2 层 GFRP	0.72	27
	DSC32-a	$\phi76\times4$		0.51	19
	DSC33	$\phi108\times6$		0.72	18
6	DSC31	$\phi108\times4$	2 层 CFRP+2 层 GFRP	0.72	27
	DSC31-C3②				
	DSC32-a	$\phi76\times4$		0.51	19
	DSC32-C3②				
	DSC33	$\phi108\times6$		0.72	18
	DSC33-C3②				
	DSC33-C5②				
7	DSC12-b①	$\phi76\times4$	2 层 GFRP	0	19
	DSC22-b①		4 层 GFRP		
	DSC32-b①		2 层 CFRP+2 层 GFRP		
8	SS-1-1	—	2 层 GFRP	0	
	SS-1-2		2 层 GFRP		
	SS-2		4 层 GFRP		
9	HSC-11	—	2 层 GFRP	0.72	—
	HSC-12			0.51	
	HSC-21		4 层 GFRP	0.72	
	HSC-22			0.51	
	HSC-31		2 层 CFRP+ 2 层 GFRP	0.72	
	HSC-32			0.51	

① 成型此 3 个试件的步骤，是待相应的 a 试件初凝后再浇筑钢管内部混凝土。

② 试件采用轴向循环的加载方式，编号中倒数第一个数字代表加压/卸压的循环次数。

2.2.2 试验材料及混凝土配合比

（1）试验材料

① FRP 布。南京海拓复合材料有限责任公司生产的高强玻璃纤维布（规格型号：HITEX-G430）、碳纤维布（规格型号：HITEX-C300）和纤维复合材料浸渍粘贴胶。

② 钢管。符合国家检验标准（GB/T 8163—2008）[1]的无缝钢管。

③ 水泥。河南卫辉市天瑞水泥有限公司生产的 42.5 级普通硅酸盐水泥。

④ 骨料。粗骨料采用碎石，鉴于内外模板空间较小，粒径选择 5～15mm。细骨料选用中级河砂。

⑤ 减水剂。鉴于内外模板空间较小并有钢管引线通过，且浇筑中采用人工振捣容易振捣不均匀，为提高夹层混凝土的浇筑质量，试验中通过掺入减水剂来提高其自密实性。选用河南建筑材料设计研究院生产的 FDN-1 型粉状高效减水剂。

（2）混凝土配合比

由于试验设计中不考虑混凝土强度的影响，经试配，所有试件采用同一混凝土配合比，即水泥∶砂∶碎石∶水＝1∶1.61∶2.52∶0.47。

2.3　试件制作

2.3.1　组合方柱

（1）将三种型号的钢管在机床上切割成长 500mm 的短钢管，同时对每根钢管分别制作拉伸试验的试样[2]。

（2）将购买的应变片进行检测，然后粘在打磨好的钢管表面，如图 2.2 所示。

图 2.2　粘贴好应变片的钢管

（3）试件成型时，先按照设计的混凝土方柱截面尺寸和形状制作模板，见图 2.3。其中，侧面模板由两个 U 形横截面组成，以利于脱模，并将 PVC 水管截成弧形长条，经过打磨处理后粘于侧面模板的四个内角处形成倒角；然后，在设计好的模板中浇筑混凝土。对于组合方柱，先在底模上精确放置已粘贴好应变片的钢管，并将钢管上的引线从侧模预先开好的小孔中穿出，然后固定侧模，最后将钢管内部装满石子，起到固定钢管的作用，在顶部填塞废纸，防止混凝土进入。对于空心方柱，通过在模板内放置长 1m 的钢管，待混凝土初凝后（约 2h 左右）拔出而形成，见图 2.4。采用人工搅拌浇筑混凝土，从柱底到柱顶分 4 层装模，下部两层的厚度分别为 100mm，上部两层的厚度分别为 150mm。每层混凝土装入模板后，先用端部加工成扁平的直径为 20mm 的钢筋插捣，再用橡皮槌在侧面四周轻轻敲打，并用同样的方法同时制作混凝土力学性能测试的伴随试块。拆模后将试件放入养护室，标准养护 28d。

图 2.3　浇筑组合方柱混凝土时的模板　　　　图 2.4　空心的形成

（4）对已硬化的混凝土方柱表面进行打磨处理，尤其是倒角部分应满足设计的倒角半径保证平滑过渡，然后环向湿粘 FRP 布[3]，形成 FRP 外管，见图 2.5。缠绕好一层后，在室温下至少放置 24h，然后缠绕下一层，为此所有试件湿粘 FRP 布步骤应做详细计划。配胶量应根据胶的组分及性能、温度、缠布量及时间经试验并考虑富余量后确定。涂胶应厚度一致，借助于毛刷和滚筒保证 FRP 布与混凝土或上一层 FRP 布均匀密贴。第三系列是先缠绕 2 层 CFRP，再缠绕 2 层 GFRP 布。为防止 FRP 管在接头和端部过早破坏，设置环向搭接长度 150mm（图 2.7），同时两端部 30mm 范围内多缠绕 3 层 CFRP 布进行增强。钢管上应变片的引出连接线在距 FRP 布顶端 150mm 的地方（对应于从混凝土中引出连接线的位置）穿出。已有研究表明，采用湿粘法成型的 FRP 管和预制 FRP 管不会显著影响 FRP 对混凝土的约束效果[4]。

图 2.5　FRP 外管的成型

2.3.2　组合圆柱

成型组合圆柱试件所用的外模板为直径 160mm 的 PVC 管，为方便拆模，将其切割成两个半圆形，浇筑时用木板和铁丝固定，如图 2.6 所示。其他步骤与方柱相同。

图 2.6　浇筑组合圆柱混凝土时的模板

2.4　试验加载、测点布置与数据采集

2.4.1　量测内容及测点布置

FRP-混凝土-钢管组合柱试验时，在试件高度中间截面的 FRP 布上，沿搭接区之外的周长上粘贴 4 个长 20mm 的应变片，用于测试 FRP 管的环向应变，钢管外表面相对两侧分别粘贴 2 个长 10mm 的应变片（其中轴向和环向各一个应变片），用于量测钢管的应变，见图 2.7。除此之外，沿方（圆）柱相对侧面布置 2 个位移计，借助方（圆）形表架测量试件中部 270mm 范围内柱的轴向位移。组合柱的轴向位移是通过两个位移计读数的平均值得到的。

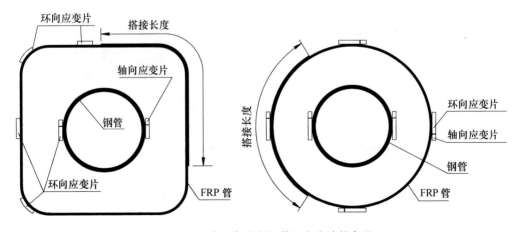

图 2.7　组合柱高度中间截面应变片的布置

21

2.4.2 试验加载及数据采集

按照混凝土结构试验规程[5]，试验时先进行预加载，预加荷载值为试件极限荷载的10%。正式加载采用力控、分级加载的加载制度，每级加载值为试件极限荷载的10%，每级荷载稳载 2min，当荷载到达极限荷载的 85% 后，采用连续缓慢加载，直至试验结束。

单调轴压试验采用一次加载至破坏的加载方式。

循环轴压试验加载方案均采用完全卸载/再加载的方式，即卸载至荷载为零时（为了保证试验机的稳定工作，试验中只卸载至荷载为 20kN 处[6-7]），再加载至同一循环的卸载位移值处。预设的卸载位移值根据相同 FRP-混凝土-钢管组合方柱试件的单调轴压试验结果确定，以保证第 1 次卸载开始时混凝土的应变位于 0.001 和 0.003 之间，其他几次卸载值确定便于研究组合方柱中约束混凝土在不同程度塑性变形情况下的卸压/再加压性能。3 次卸压/再加压循环加载方案为：第 1 次和第 2 次以荷载控制，卸载值分别为 $0.5f_{co}$、f_{co}，第 3 次以位移控制，卸载值为 $\varepsilon_{co}+0.5(\varepsilon_{cu}-\varepsilon_{co})$。5 次卸压/再加压循环加载方案为：$0.5f_{co}$、$0.8f_{co}$、$f_{co}$、$\varepsilon_{co}+0.33(\varepsilon_{cu}-\varepsilon_{co})$、$\varepsilon_{co}+0.66(\varepsilon_{cu}-\varepsilon_{co})$。其中，$f_{co}$ 为混凝土的轴心抗压强度，ε_{co} 为混凝土的极限应变，ε_{cu} 为相应组合方柱单调加载方式下的轴向极限应变。

试验在郑州大学河南省工程材料与水工结构重点实验室的 YA-3000 电液式压力试验机上进行。压力传感器为上海诚知自动化系统有限公司生产的 BHR-4A/300t 压式负荷传感器。试验中严格控制试验机上下承压板、传感器与试件的对中，用细砂在试件底部与下承压板间、试件顶部与上钢板间进行找平。其中测试的应变、荷载和位移由 IMP 数据采集系统同步记录，见图 2.8。

(a) 圆柱　　　　　　　　　　　(b) 方柱

图 2.8　位移计布置及试件的加载

试验中采用的安全防护措施：①用铁丝穿过压力传感器两边耳环与试验机上方限位横梁相连；②用铁丝在试件柱中间一定高度范围围绕试验机立柱缠绕几圈，防止失稳对采集设备的损坏；③试验加载前观测面用铁丝网罩住，以防 FRP 片材进出。

2.5　FRP、钢管、混凝土力学性能试验

按照混凝土结构试验方法[2]，柱中混凝土力学性能伴随试块与试件同条件浇筑和养护，实测其轴心抗压强度为 39MPa。

依据《纤维增强塑料性能试验方法总则》（GB/T 1446—2005）[8]、《结构加固修复用碳纤维片材》（GB/T 21490—2008）[9] 及《定向纤维增强聚合物基复合材料拉伸试验方法》（GB/T 3354—2014）[10]，进行了 FRP 布的拉伸试验，得到组合柱成型所用 GFRP 布的抗拉强度和弹性模量分别为 2650MPa 和 160GPa，所用 CFRP 布的抗拉强度和弹性模量分别为 3434MPa 和 240GPa。

按照《金属材料　拉伸试验　第 1 部分：室温试验方法》（GB/T 2281—2010）[11] 分别对表 2.1 三种规格的钢管进行了拉伸试验，沿钢管纵向切割下来的钢板条做成每组三个的标准试件，测其屈服强度、抗拉强度和弹性模量。标准试件的尺寸根据钢板厚度依据规程[12]确定。试验照片见图 2.9，拉伸试验结果见表 2.2。

（a）试验中	（b）试验后

图 2.9　钢管的拉伸试验

表 2.2　钢管拉伸试验结果

钢管规格（mm）	屈服强度（MPa）	抗拉强度（MPa）	弹性模量（GPa）
76×4	350	465.5	190.1
108×4	366	495.3	202.6
108×6	373	498.1	206.3

另外，还分别进行了与成型组合柱钢管相同规格和高度的空心钢管轴压试验，见图 2.10。试验时采用力控方式加载，加载速率在钢管屈服前为 1kN/s，在钢管屈服后为 0.5kN/s。结果表明：空心钢管有较大的塑性变形，并且近端部出现局部鼓曲，见图 2.11，其中规格 76×4 的钢管在局部鼓曲和整体屈曲联合作用下破坏。钢管轴向应力-应变关系曲线见图 2.12。

图 2.10　钢管轴压试验　　　　图 2.11　轴压试验中钢管的鼓曲

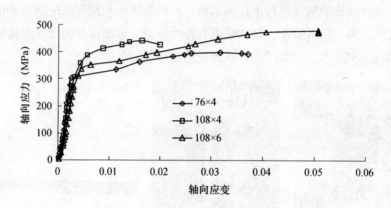

图 2.12　钢管轴向应力-应变关系曲线

2.6　小结

本章介绍了 FRP-混凝土-钢管组合方柱轴压试验的参数选择及试验设计、试验材料、单调及循环轴压试验的加载方案、试验量测内容及采集的方法；详细介绍了试件的成型过程及制作要点；进行了 FRP、钢管等材料基本力学性能的试验。试验结果表明：钢管基本具有理想的弹塑性应力-应变关系。

本章参考文献

[1] 中华人民共和国国家标准. 输送流体用无缝钢管：GB/T 8163—2008 [S]. 北京：中国标准出版社，2009.

[2] 张彩霞，宋福审，刘付林，等. 实用建筑材料试验手册 [M]. 4 版. 北京：中国建筑工业出版社，2011.

［3］张冰．FRP 管-高强混凝土-钢管组合短柱轴压性能试验研究［D］．哈尔滨：哈尔滨工业大学，2009．

［4］Shahawy M，Mirmiran A，Beitelman T．Tests and modeling of Carbon-wrapped concrete columns［J］．Composites Part B：Engineering，2000，31（6-7）：471-480．

［5］中华人民共和国国家标准．普通混凝土力学性能试验方法标准：GB/T 50081—2002［S］．北京：中国建筑工业出版社，2003．

［6］Lam L，Teng J G，Cheung C H，et al．FRP-confined concrete under axial cyclic compression［J］．Cement and Concrete Composite，2006，28（10）：949-958．

［7］Rousakis T C，Karabinis A I，Kiousis P D．FRP-confined concrete members：axial compression experiments and plasticity modeling［J］．Engineering Structures，2007，29（7）：1343-1353．

［8］中华人民共和国国家标准．纤维增强塑料性能试验方法总则：GB/T 1446—2005［S］．北京：中国标准出版社，2005．

［9］中华人民共和国国家标准．结构加固修复用碳纤维片材：GB/T 21490—2008［S］．北京：中国标准出版社，2008．

［10］中华人民共和国国家标准．定向纤维增强聚合物基复合材料拉伸试验方法：GB/T 3354—2014［S］．北京：中国标准出版社，2014．

［11］中华人民共和国国家标准．金属材料　拉伸试验　第 1 部分：室温试验方法：GB/T 228.1—2010［S］．北京：中国标准出版社，2010．

［12］中华人民共和国国家标准．钢及钢产品　力学性能试验取样位置及试样制备：GB/T 2975—1998 eqv ISO 377：1997［S］．北京：中国标准出版社，1998．

第3章 组合方柱轴心受压试验现象及结果分析

3.1 引言

为了促进FRP-混凝土-钢管组合柱在水利、交通和工业与民用建筑等工程领域中的应用，国内外学者已经进行了一系列试验研究[1-9]，尤其是圆形组合柱方面。本章在31个组合柱试件轴压试验的基础上，分析了FRP-混凝土-钢管组合方柱在单调及循环轴向荷载下的破坏过程和典型破坏形态，组合方柱、组合实心方柱及组合圆柱的峰值荷载、应力-应变曲线等轴压性能，重点研究了FRP类型及层数、空心率、钢管径厚比等因素对FRP-混凝土-钢管组合方柱及柱内混凝土轴压性能的影响，探讨了循环荷载下组合方柱的轴压性能。本章的试验结果为深入分析FRP-混凝土-钢管组合方柱轴压性能奠定了基础。

3.2 单调荷载下组合方柱轴压性能

3.2.1 组合方柱试验现象

所有组合方柱、圆柱试件均以中部一定范围内FRP布环向拉断而破坏，且一般是搭接区围角的对角角隅最先拉裂，见图3.1。

典型FRP约束混凝土实心方柱及组合方柱的破坏过程及破坏形态描述（以试件DSC12-a为例）：随着荷载的逐步增加，噼噼啪啪细微的声音逐渐由小到大、由疏至密，是由于混凝土微小裂缝的开展或骨料间的错动引起的已硬化FRP布上空隙的出现，即剥离；从984kN（超过混凝土轴心抗压强度与其面积的乘积）听到较大噼啪的声音，在FRP表面开始观察到白色裂纹，随着荷载的持续增加，到1099kN（极限荷载）听到较大清脆的劈裂声，持续约半分钟，FRP布从非搭接区"嘭"的一声被拉断，试件丧失承载力；临近破坏时能看到FRP布向外鼓曲，从角隅处开始剥离，而后混凝土被压碎。外FRP布剥离范围：轴向从距柱顶面100mm处开始，从角部向下扩展，长约250mm；环向从一个侧面开始，最后除搭接区外全被冲击裂开。

典型FRP约束混凝土空心方柱的破坏过程及破坏形态描述（以试件HSC-12为例）：预加载结束后，重新开始加载至291kN即明显听到混凝土向内剥落的劈劈啦啦声，持续约 2min 后（荷载值为 670kN 时），声音开始加大，最后当荷载值达到 778kN 时，从外表面角隅处开始，中上段（距柱顶端 100～150mm）范围 FRP 布被拉裂，柱试件破坏丧失承载力；破坏时相对实心方柱和组合方柱，声音小而且沉闷。从图 3.1 (d) 也可以发现，与其他组合柱相比，空心方柱最后破坏时，外 FRP 布大多被缓慢撕裂成细条状。

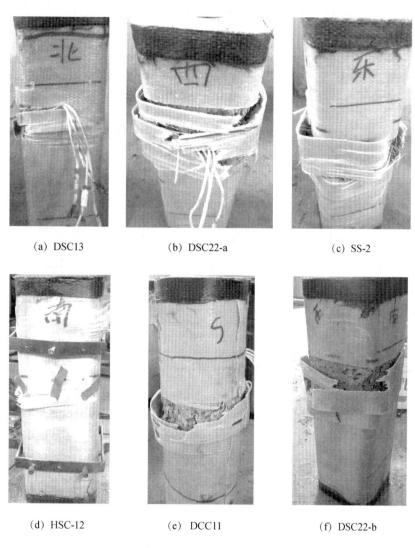

（a）DSC13	（b）DSC22-a	（c）SS-2

（d）HSC-12	（e）DCC11	（f）DSC22-b

图 3.1　试验后的试件照片

3.2.2　试验结果与分析

不同空心率、径厚比和 FRP 布层数的 FRP-混凝土-钢管组合方（圆）柱轴压承载力试验结果及相应的破坏形式见表 3.1。

表 3.1　轴压承载力试验结果

试件编号	钢管外直径 (mm)	钢管厚度 (mm)	FRP 布层数	空心率	径厚比	极限承载力 (kN)	破坏形式
DSC11	108	4.3		0.72	25.1	946.1	①柱（高度）中部范围 FRP 布从角部被拉（裂）断成几条
DSC12-a	76	4.3	2 层 GFRP	0.51	17.7	1098.8	
DSC13	108	6.7		0.72	16.1	1267.3	
DSC21	108	4.3		0.72	25.1	1191.2	
DSC22-a	76	4.3	4 层 GFRP	0.51	17.7	1337.0	
DSC23	108	6.7		0.72	16.1	1580.7	
SS-1-1			2 层 GFRP			1061.0	同①
SS-1-2	—	—		0	—	1076.7	
SS-2			4 层 GFRP			1249.6	
HSC-11			2 层 GFRP	0.72		526.1	②混凝土向内剥落，柱近端部 FRP 被拉断
HSC-12				0.51		778.6	
HSC-21			4 层 GFRP	0.72		575.7	
HSC-22	—	—		0.51	—	933.8	
HSC-31			2 层 CFRP +2 层 GFRP	0.72		614.5	
HSC-32				0.51		1003.0	
DSC12-b	76	4.3	2 层 GFRP	0	17.7	1253.1	同①
DSC22-b	76	4.3	4 层 GFRP	0	17.7	1549.2	
DSC32-b	76	4.3	2 层 CFRP +2 层 GFRP	0	17.7	1696.6	
DCC11	108	4.3	2 层 GFRP	0.72	25.1	959.2	同①
DCC12	76	4.3		0.51	17.7	1248.2	
DCC13	108	6.7		0.72	16.1	1045.7	
DCC21	108	4.3	4 层 GFRP	0.72	25.1	1324.3	
DCC22	76	4.3		0.51	17.7	1351.8	
DCC23	108	6.7		0.72	16.1	1680.6	
DSC31	108	4.3	2 层 CFRP+ 2 层 GFRP	0.72	25.1	1267.3	同①
DSC31-C3						1306.6	
DSC32-a	76	4.3		0.51	17.7	1463.3	
DSC32-C3						1429.4	
DSC33	108	6.7		0.72	16.1	1464.3	
DSC33-C3						1458.9	
DSC33-C5						1433.8	

试验表明：对于外缠 4 层 GFRP 布的组合方柱试件和外缠 2 层 CFRP＋2 层
GFRP 布的组合方柱试件，在轴向荷载-应变曲线出现拐点后，随轴向应变的增加，
轴向荷载仍持续增长；而外缠 2 层 GFRP 布的组合方柱试件与 FRP 约束混凝土实
心方柱试件类似，轴向荷载在拐点后基本保持不变或略有降低，见图 3.2。FRP 约
束混凝土空心方柱试件的轴向荷载-应变关系曲线见图 3.3，其破坏一般发生在距柱
端部 50～120mm 的范围内。当空心率为 0.72 时，随着外部约束由 2 层 GFRP 变为
2 层 CFRP＋2 层 GFRP，柱极限承载力由 526.1kN 增长至 614.5kN（表 3.1），且
轴向荷载-应变曲线呈现出仅有上升段至上升段后紧接平稳下降段的变化趋势；当
空心率为 0.51 时，随着外部约束的增强，柱承载力由 778.6kN 增长至 1003.0kN，
且轴向荷载-应变曲线的上升段后紧接平稳下降段的斜率逐渐减小，耗能能力明显
增大。试验结果表明：相对外部 FRP 约束的影响，空心率对空心方柱极限承载力
的影响更为明显。

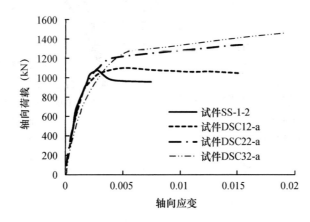

图 3.2　组合方柱轴向荷载-轴向应变关系曲线

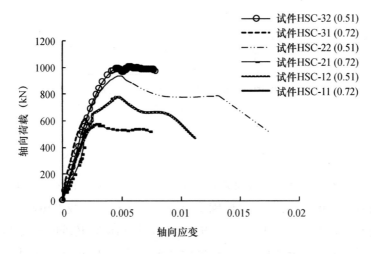

图 3.3　空心方柱轴向荷载-轴向应变关系曲线

FRP-混凝土-钢管组合圆柱的轴向荷载-应变关系曲线见图 3.4。对比结果表明：当内部钢管相同时，随着外 FRP 布层数的增多，组合圆柱的强度和延性显著提高，双线性应力-应变曲线中无论是第一部分弹性段还是第二部分增强段斜率均增大，即试件抵抗变形的能力增强。图 3.4（a）中，试件 DCC22 弹性段变形较大且后期延性变差的原因：①通过查找试验记录，试件 DCC22 的 FRP 布搭接区长度比 DCC12 短 20mm；②成型时柱顶面不平整，加载时找平程序控制不严格；③从试验加载和破坏形态分析，试件 DCC22 在柱高度偏上部范围 FRP 断裂，而试件 DCC12 在柱高度中部范围 FRP 被拉断。

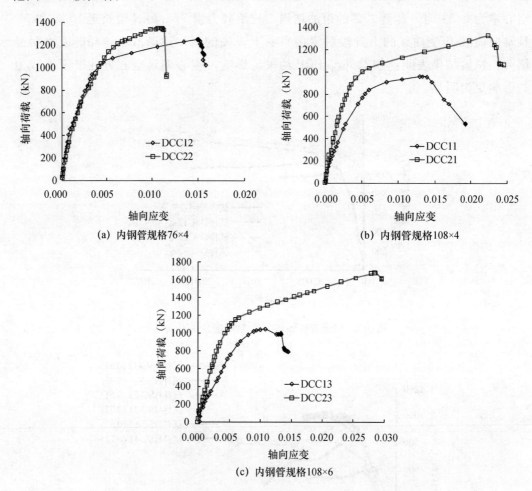

(a) 内钢管规格76×4

(b) 内钢管规格108×4

(c) 内钢管规格108×6

图 3.4 FRP-混凝土-钢管组合圆柱轴向荷载-轴向应变关系曲线

由于钢管内部充填的混凝土及其对钢管的鼓曲提供进一步的限制，同时使夹层混凝土得到更加有效的约束，FRP-混凝土-钢管组合实心方柱的承载力相对 FRP-混凝土-钢管组合方柱均有明显的提高（表 3.1）。与其他组合柱相似，其轴向应力-应变关系曲线在进入强化段后，随着外部 FRP 约束程度的增大，呈现更加刚性化的特征，如图 3.5 所示。

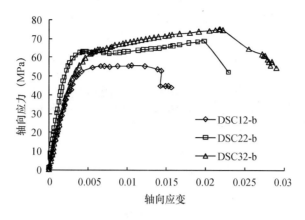

图 3.5　组合实心方柱轴向应力-轴向应变关系曲线

9 个 FRP-混凝土-钢管组合方柱承载力试验结果的对比见表 3.2。其中，P_c 是试验所得组合方柱的峰值荷载；P_s 为钢管承担的荷载，是同规格空心钢管轴压试验中与组合方柱产生相同应变时钢管的承载力；P_{co} 为混凝土承担的荷载，是混凝土轴心抗压强度乘以混凝土面积。($P_{co}+P_s$) 为钢管与混凝土的相互作用，在忽略 FRP 外管约束作用时，即为组合方柱承受的极限荷载。从表 3.2 可知，与双壁组合圆柱类似[1]，除试件 DSC11 和 DSC13 外，组合方柱极限承载力较钢管与混凝土承载力的简单叠加值有明显提高，最大提高幅度 40%，说明组合方柱充分发挥了钢管受压和 FRP 受拉的优点。试件 DSC11 和 DSC13 出现异常情况，是试件成型时内部钢管有轻微倾斜、FRP 布与混凝土外表面在局部出现脱空区等引起的。

表 3.2　组合方柱试件承载力对比

试件编号	P_c（kN）	P_s（kN）	钢管极限承载力（kN）	P_{co}（kN）	$\dfrac{P_c}{(P_{co}+P_s)}$
DSC11	946.1	553.1	581	520	0.88
DSC12-a	1098.8	281.0	364.0	700	1.12
DSC13	1267.3	776.7	939.7	520	0.98
DSC21	1191.2	577.4	581	520	1.09
DSC22-a	1337.0	328.4	364.0	700	1.30
DSC23	1580.7	797.4	939.7	520	1.20
DSC31	1267.3	571.2	581	520	1.16
DSC32-a	1463.3	340.6	364.0	700	1.41
DSC33	1458.9	756.5	939.7	520	1.14

FRP-混凝土-钢管组合方柱峰值荷载的对比见图 3.6，其中，横坐标 1、2、3 分别代表 2 层 GFRP 布、4 层 GFRP 布、2 层 CFRP 布＋2 层 GFRP 布三个约束系列。作为对比，图 3.6 中也列入了 FRP 约束混凝土实心方柱及组合实心方柱的峰值荷载。由图 3.6 可知，在内部钢管和混凝土相同的情况下，随外部约束的增强，组合方柱峰值荷载明显增大。

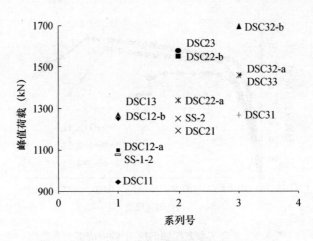

图 3.6　组合方柱的峰值荷载

在外部约束相同时，钢管随径厚比的减小，组合方柱峰值荷载依次增大。以系列 2 为例，试件 DSC21、DSC22-a 和 DSC23 的径厚比分别为 25.1、17.7 和 16.1，相应的柱峰值荷载依次为 1191.2kN、1337.0kN 和 1580.7kN，说明当外部约束相同时，内部钢管对混凝土的约束对组合方柱极限承载力的影响较大。DSC21 试件与 DSC22-a 的钢管厚度相同，但由于其空心率大，承载力却大大下降，可能是柱在承压过程中，对 108×4 这种薄而粗的钢管，外部混凝土阻止其向外的鼓曲（尤其是在强约束情况下），更容易向内屈曲[10]。相对于试件 DSC21，试件 DSC22-a 与试件 DSC23 的径厚比接近，后者比前者的峰值荷载提高很多，且随着外部约束的增强其提高幅度增大。另外，空心率 0.51、钢管径厚比 17.7 的试件 DSC12-a、DSC22-a 的峰值荷载与相同外部约束条件下相应的 FRP 约束混凝土实心方柱很接近，而试件 DSC13、DSC23 又分别与相应的组合实心方柱 DSC12-b、DSC22-b 的峰值荷载接近。

下面重点分析空心率、钢管径厚比和外层 FRP 约束特征值对组合方柱中混凝土轴压性能的影响。组合方柱中核心混凝土的轴向应力等于混凝土所受轴向力除以混凝土的横截面面积，而混凝土所受轴向力等于组合方柱总的轴向力减去钢管所承担的力，钢管所承担的力等于空钢管轴压试验中产生相同轴向应变时所对应的轴向力。当组合方柱轴向应变超过相应空钢管轴压试验屈服应变时，假定组合方柱中钢管所承担的力等于钢管的极限承载力。因为在组合方柱中，钢管外表面混凝土对钢管的约束作用将会阻止或延迟钢管的屈曲，从而导致钢管的承载力下降受到限制。

3.2.2.1　空心率

在钢管径厚比基本相同情况下，空心率为 0、0.51 和 0.72 的 FRP-混凝土-钢管组合方柱试件的混凝土轴压应力-应变关系曲线见图 3.7。其中，试件 DSC13 的初始轴压应力增长缓慢，出现了小的平台段，是因为柱顶面钢管高出混凝土，导致加载初期主要由钢管承担荷载。可以看出，在外缠 2 层 GFRP 约束的情况下，空心率大的组合方柱较之空心率小的组合方柱的峰值应力略有下降，轴向应变增大近 2 倍，表现出较好的延性。在外缠 4 层 GFRP 约束的情况下，组合方柱的混凝土轴压峰值应力随着空心率的增大而提高，轴压应变缓慢增长，混凝土表现出较好的延性特征。说明外部 FRP 约束程度对组合柱性能具有较大影响，在建立组合方柱中混凝土轴压应力-应变关系理论模型时应考虑外部 FRP 约束程度的影响。与 FRP 管-混凝土-钢双壁空心圆柱类似[5]，FRP-混凝土-钢管组合方柱的混凝土轴向应力-应变曲线上升段后期的斜率比相应 FRP 约束混凝土实心方柱（即空心率为零）略有减小，进一步说明在弹性段后，随着荷载的增加，内钢管和外 FRP 管很好地约束了组合柱中的混凝土，使柱的耗能能力提高。

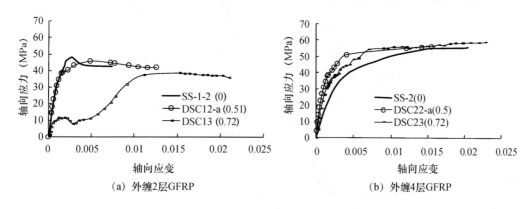

图 3.7　空心率对组合方柱混凝土应力-应变曲线的影响

3.2.2.2　钢管径厚比

空心率为 0.72、钢管径厚比分别为 25.1 和 16.1 的 FRP-混凝土-钢管组合方柱试件混凝土轴压应力-应变关系曲线见图 3.8。对于钢管径厚比 25.1、外缠 2 层 GFRP 布的 DSC11 试件，加载后期，由于 FRP 布从非搭接区剥离拉裂，对混凝土的约束作用下降，混凝土压应力达到最大值后急剧降低，其压应力-应变曲线进入下降段。之后，混凝土压应力虽有所上升，但试件终因外约束的迅速下降而无法继续承载。因此，在组合柱设计中，内部钢管需与外部 FRP 管的约束刚度相适宜，以充分发挥各组成材料的优势，提高组合柱的性能。DSC21 试件在达到峰值点后，由于较强外部约束的存在，柱内混凝土所受的围压逐渐增强，钢管进入较长的屈服平台段，最后由于试件内混凝土的围压达到极限值、FRP 布被拉断而破坏。当钢管径厚比小于 20 时，组合柱内的钢管受压屈服后，混凝土会受到径向压力的作用。由于钢管弹性模量高于混凝土弹性模量，FRP-混凝土-钢管组合方柱内混凝土受到的径向压应力高于相应 FRP 约束混凝土实心方柱的径向压应力，从而使得组合柱（如试件 DSC23）内混凝土轴压应力高于对比的实心方柱（试件 SS-2），且径厚比小的 DSC13、DSC23、DSC33 试件的混凝土轴压应力-应变曲线高于径厚比大的 DSC11、DSC21、DSC31 试件的轴压应力-应变曲线。可见，FRP 约束混凝土柱中混凝土内表面如有一个合适的内钢管支撑，FRP 的约束效果将会显著提高。参阅文献［11］碳纤维约束的表达方法，经推导和分析，钢管约束效果可简单地表示为 $C_{ha} = 2E_s t_s / d_s$。其中，E_s 为钢管的弹性模量，t_s 和 d_s 分别为钢管的壁厚和外径。由于钢管的弹性模量变化不大，约束效果主要取决于钢管的径厚比。钢管径厚比越小，其约束作用越强，组合柱内混凝土所能承受轴向压力越大。

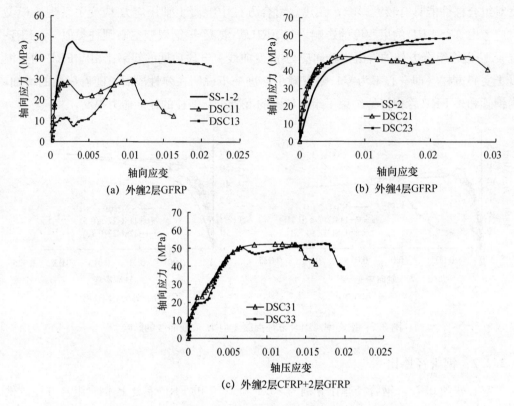

(a) 外缠2层GFRP   (b) 外缠4层GFRP

(c) 外缠2层CFRP+2层GFRP

图 3.8　钢管径厚比对组合方柱混凝土应力-应变曲线的影响

3.2.2.3　外层 FRP 约束特征值

类似于箍筋的配箍特征值，可用 FRP 约束特征值 $\lambda_f = \mu_f (f_f / f_{co})$[12-13] 反映 FRP 布对柱性能的影响。其中，μ_f 为 FRP 布与混凝土的体积比，f_f 和 f_{co} 分别为 FRP 布抗拉强度和混凝土轴心抗压强度。试验表明：FRP 约束混凝土实心方柱和 FRP-混凝土-钢管组合方柱的力学行为与外缠 FRP 布的层数及类型密切相关。在其他参数相同时，组合方柱的承载力和延性随 FRP 约束特征值的增大而显著提高，见图 3.9。对于 FRP 约束混凝土空心方柱，FRP 约束特征值对其性能的影响没有对 FRP 约束混凝土实心方柱的明显。尤其是空心率 0.72 的试件（图 3.3），2 层约束和 4 层约束的峰值应力基本相同，且混凝土应力-应变曲线差别很小，其原因是空心方柱中的混凝土处在非单一约束状态下，整体约束效果不如实心方柱明显。另外，空心方柱的承载能力受内边界混凝土的局部损坏和剥落控制，而非外部 FRP 布的拉裂，FRP 布并未完全发挥作用。外层 FRP 约束特征值对 FRP-混凝土-钢管组合方柱的影响与 FRP 约束混凝土实心方柱相似，内部钢管对混凝土的破坏和剥落起到了很好的约束作用，FRP-混凝土-钢管组合方柱均以外部 FRP 的拉裂而破坏。

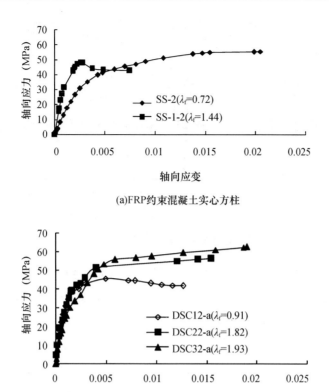

(a)FRP约束混凝土实心方柱

(b)FRP-混凝土-钢管组合方柱

图 3.9　外层 FRP 约束特征值对组合方柱混凝土应力-应变曲线的影响

3.3　单调荷载下方柱中混凝土的轴压性能

3.3.1　实心方柱与空心方柱对比

3.3.1.1　应力-应变行为

　　GFRP 约束混凝土空心方柱与 GFRP 约束混凝土实心方柱的应力-应变曲线见图 3.10。其中柱轴向应力等于轴向荷载除以柱中混凝土横截面面积，环向应变由外层 GFRP 布上 4 个应变片的读数平均得到。

　　由图 3.10 可知，GFRP 约束混凝土空心方柱试件 HSC-22、HSC-21 的应力-应变曲线在 GFRP 被拉裂破坏前均有一个下降段；而且两个空心方柱试件 HSC-22、HSC-21 的轴向应力的峰值明显比相应 GFRP 约束混凝土实心方柱试件 SS-2 均有所降低（空心率为 0.51 的方柱试件 HSC-12 降低约 7%，空心率为 0.72 的方柱试件 HSC-11 降低约 22%），且都出现在一个相对较低的轴向应变位置，之后轴向应力迅速下降，主要因为空心方柱处在一个更为复杂且非单一的应力状态下。

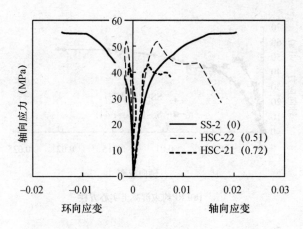

图 3.10　空心方柱与实心方柱的应力-应变曲线

由图 3.10 还可以看出，GFRP 约束混凝土空心方柱的环向应变保持在一个较低值而几乎不变化或在峰值应力后增长缓慢。这可用来解释为什么空心方柱在试验中观察不到类似实心方柱和 GFRP-混凝土-钢管组合方柱的破坏特征——GFRP 在混凝土的强大鼓胀力下砰的一声于角部断开一个口子，随之柱中部一定范围的 GFRP 被拉裂成几条。

另外，图 3.10 中空心方柱 HSC-22、HSC-21 在早期阶段表现出比相应实心方柱 SS-2 更加刚性的应力-应变趋势。这是由于相对于实心方柱，空心方柱在峰值荷载前有着更高的环向应力的作用。GFRP 约束混凝土空心方柱与 GFRP 约束混凝土实心方柱具有不同的应力-应变行为，是因为混凝土所处的应力和变形状态有较大差异。对于空心方柱，随着外层 GFRP 提供的约束增强，内边缘附近混凝土首先破坏，导致空心方柱轴向承载力下降，若外边缘混凝土至少能够抵抗由于内边缘混凝土破坏而致的应力值降低，则空心方柱截面平均应力仍会持续增长，否则到达峰值应力后，应力-应变曲线将开始下降。一般来说，空心率较大的 GFRP 约束混凝土空心方柱出现峰值应力较早，进一步吻合了试验中的观测现象：较大空心率的方柱 HSC-21 在 GFRP 被拉断前就达到了峰值应力，而较小空心率的空心方柱 HSC-22 有一个持续增长的应力-应变趋势[14]。

综合上述分析，GFRP 约束混凝土方柱的力学性能随空心率的改变而发生显著变化，尤其是空心率大于 0.7 时。

3.3.1.2　轴向应变-环向应变行为

GFRP 约束混凝土柱的轴向应变-环向应变关系是评价 GFRP 约束效果的关键参数。GFRP 约束混凝土空心方柱 HSC-22、HSC-21 与 GFRP 约束混凝土实心方柱 SS-2 的轴向应变-环向应变曲线见图 3.11。由图 3.11 可知，与实心方柱 SS-2 相比，空心率大于 0.5 的两个空心方柱试件 HSC-22、HSC-21 的轴向应变-环向应变曲线要上扬得多。说明对应一个固定的轴向应变，就纯粹的数值而言，组合方柱环向应变将随空心率的增大而减小。这是因为 GFRP 约束混凝土空心方柱的混凝土内表面没有约束，从而导致混凝土外鼓胀力随空心率的增大而降低。

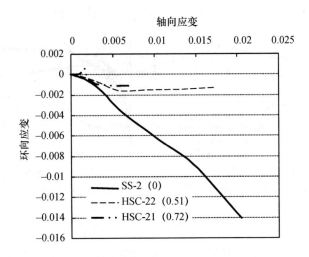

图 3.11 空心方柱与实心方柱轴向应变-环向应变曲线

3.3.2 组合方柱与实心方柱的对比

为评价 GFRP-混凝土-钢管组合方柱中 GFRP 的约束效果，将组合方柱中混凝土的应力-应变行为与相应 GFRP 约束混凝土实心方柱进行了比较（图 3.12）。结果表明：如果组合方柱内被约束混凝土的强度相同，则 GFRP-混凝土-钢管组合方柱中混凝土的应力-应变关系曲线与 GFRP 约束混凝土实心方柱的应力-应变关系曲线相似；当钢管径厚比小于 20 时，组合方柱内混凝土轴向应力和延性比 FRP 约束混凝土实心方柱有较大提高，其中承载力提高 7%～26.5%。说明组合方柱中的内层钢管为混凝土的内边界提供了有效约束。

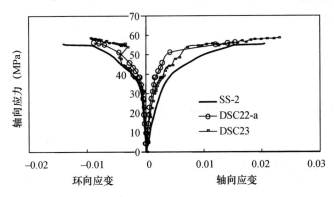

图 3.12 实心方柱与组合方柱混凝土应力-应变曲线

3.3.3 外缠 GFRP 层数的影响

与已有圆形截面柱的研究[1,3,5,10,14]相似，若其他参数相同，GFRP 层数的增多使组合方柱的强度和延性大大提高，以系列 2（4 层 GFRP）为例，与系列 1（2 层 GFRP）相比，其承载力提高 21.7%～25.9%，轴向峰值应变提高 22.7%～81.5%，且 GFRP 层数显著影响柱中被约束混凝土的应力-应变曲线，尤其是曲线的第二部分（图 3.13）。

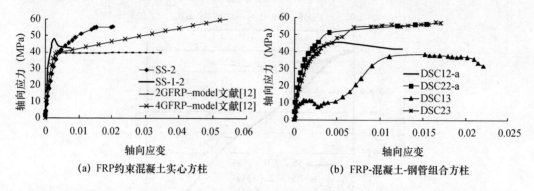

(a) FRP约束混凝土实心方柱　　　　　(b) FRP-混凝土-钢管组合方柱

图 3.13　GFRP 层数对轴向应力-应变曲线的影响

已有应力-应变关系曲线的预测模型[12]2GFRP-model、4GFRP-model 也同时显示在图 3.13（a）中作为比较。该模型考虑了矩形柱倒角半径、GFRP 侧向约束刚度及侧向约束强度对应力-应变关系的影响。该模型在转折点应力、应变计算时分别采用无约束混凝土峰值强度、峰值应变乘以相应的提高系数；在极限强度、极限应变计算时将矩形柱等效为圆形柱，在 GFRP 约束圆形混凝土柱极限强度、极限应变的基础上乘以相应的折减系数，从而得到 GFRP 约束矩形柱的极限强度和极限应变。折减系数通过试验数据的统计分析得出，与试验的参数、采集方法密切相关。与本书试验的对比结果表明〔图 3.13（a）〕，该模型存在某些局限性，如在弱约束柱中，转折点附近预测失真、软化段预测值偏低等。因此，对 GFRP 约束混凝土矩形柱的应力-应变关系曲线的预测，尤其是对其软化段的预测还需要深入研究。

相较 2 层 GFRP 组合方柱试件 DSC12-a、DSC13，4 层 GFRP 组合方柱试件 DSC22-a、DSC23 有着较高的轴向应力且呈现出较好的延性特征，见图 3.13（b）。

3.4　循环荷载下组合方柱轴压性能

3.4.1　试验现象及破坏形态

如试验前预计，表 2.1 中第 5 组 7 个试件均以组合方柱中部一定范围 FRP 布被拉断（裂）而破坏，如图 3.14 所示。依据单调加载方式下相应对比试件轴压试验结果，循环加载轴压试验中，每个试件具体的卸载方案见表 3.3。第 1 个循环时，试件外表面观察不到任何明显变化，也几乎听不到声音。到第 2

图 3.14　试验后的试件
DSC31-C3

个和第 3 个循环时，尤其是第 3 个循环，能明显听到随着荷载变化，试件发出噼啪声音的改变。

所有 FRP-混凝土-钢管组合方柱试件轴向应力-应变曲线见图 3.15，其中轴向应变由柱相对侧面两个位移计的读数经计算得到。

表 3.3　FRP-混凝土-钢管组合方柱循环轴压试验的卸载方案

试件编号	卸载值 1	卸载值 2	卸载值 3	卸载值 4	卸载值 5
DSC31-C3	872.9kN	1197.1 kN	3.16mm	—	—
DSC32-C3	875.3kN	1177.4 kN	1.90mm	—	—
DSC33-C3	861.6kN	1312.5kN	1.82mm	—	—
DSC33-C5	664.1kN	893kN	1079.2kN	1.82mm	2.10mm

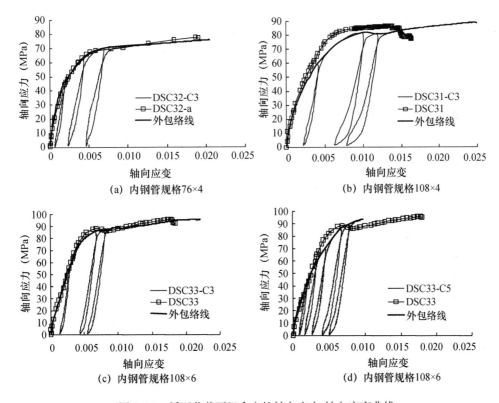

图 3.15　循环荷载下组合方柱轴向应力-轴向应变曲线

图 3.15 表明，与单调荷载下组合方柱轴压性能[15]相似，FRP-混凝土-钢管组合方柱在循环轴压荷载下仍具有良好的延性，且循环轴压荷载下试件应力-应变曲线的外包络线与相应单调荷载下组合方柱试件的应力-应变曲线相吻合，说明卸载/再加载对组合方柱的包络线没有影响。试件 DSC33-C5 的外包络线与单调荷载试件 DSC33 的差别较明显。一是因为试件 DSC33-C5 成型时，FRP 与混凝土外表面局部存在脱空区，造成FRP 没有完全发挥约束作用；二是与卸载点的设置有关。由图 3.15 还可以发现循环加载历史对累计塑性变形的影响，即循环次数越多，塑性变形值越大。

3.4.2 峰值荷载

表3.1及试验结果表明，轴压循环荷载下，组合方柱试件的极限状态与单调荷载下试件的极限状态几乎相同；峰值荷载较接近，相差最大仅为3.1%，说明循环荷载的加载方式对FRP-混凝土-钢管组合方柱的峰值荷载影响不显著。另外，轴向加载/卸载循环对组合方柱轴向应力-应变关系影响较小，仅轴向应变随循环次数的增多而增大。循环轴压荷载下，空心率不同、径厚比接近的两组试件（表3.1）的峰值荷载接近，平均值相差0.4%，说明空心率对轴向循环荷载下组合方柱峰值荷载的影响较小。空心率相同、径厚比相差较大的两组试件的峰值荷载相差较大，说明内钢管径厚比对组合方柱峰值荷载的影响显著。极限承载力随径厚比的减小而逐渐增大，当径厚比由25.1减小至16.1时，极限承载力增大约9.7%。

3.4.3 塑性应变

材料的塑性应变是指当应力恢复为零时的残余应变。当组合方柱中钢管和混凝土的应变大于钢管的屈服应变时，则混凝土产生的塑性应变将远小于钢管的塑性应变，因为混凝土的非线性是材料破坏即刚度退化的主要因素之一，而钢管的塑性应变几乎完全依赖它的塑性。因此，在整个卸载过程中，钢管先于组合方柱轴向压力首先达到零。当轴向力完全卸载时，钢管会出现拉应力以平衡混凝土中的压应力，此时，两种材料间将发生粘结滑移，相对于混凝土，钢管将发生较多的轴向压缩变形。当组合方柱接下来被重新加载时，混凝土将立即承受荷载进而发生变形，直至钢管接触到承压板，两种材料才又协调变形而产生相同的轴向应变。

图3.16所示为试件DSC31-C3中钢管和混凝土轴向应变随时间的发展情况。其中，钢管的应变值由钢管外表面的轴向应变片得到，混凝土的应变值由轴向位移计的读数经计算得到。试验结果进一步证实：由于钢管和混凝土两种材料塑性性能的差别，在初始的卸载/加载循环中，混凝土的塑性应变大于钢管的塑性应变，随着循环次数的增加，

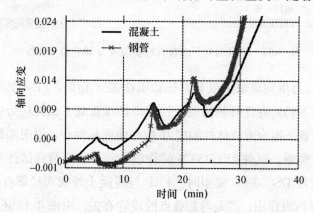

图3.16　混凝土和钢管的轴向应变

钢管的塑性应变开始大于混凝土的塑性应变 [图 3.15 (b)，试件 DSC31-C3 的第一个卸载点位于弹性段内]。上述分析及试验结果也表明，组合方柱荷载为零时的轴向应变一般比混凝土产生的塑性应变大，且小于钢管产生的塑性应变。

3.5　小结

本章对 FRP-混凝土-钢管组合方柱在单调荷载和循环轴压荷载作用下的试验现象进行了描述，重点分析了 FRP 约束特征值、空心率、钢管径厚比等的影响，主要结论如下：

（1）当内钢管径厚比接近时，FRP-混凝土-钢管组合方柱轴向应变随着空心率的增大而增长，且呈现较好的延性特征。内钢管径厚比对组合方柱轴压性能有显著的影响，当钢管径厚比小于 20（如 16.1）时，组合方柱内混凝土的轴向应力和延性比 FRP 约束混凝土实心方柱的有较大提高，其中承载力提高 7%～26.5%，而钢管径厚比大于 20（如 25.1）的组合方柱试件的承载力则低于相应 FRP 约束混凝土实心方柱的承载力。

（2）外层 FRP 约束特征值对 FRP-混凝土-钢管组合方柱和组合实心方柱的轴压性能均有显著影响，对 FRP 约束混凝土空心方柱的影响程度有所降低。外层 FRP 约束特征值越大，其环向紧箍作用越强，FRP-混凝土-钢管组合方柱轴压承载力提高的幅度越大。

（3）FRP 约束混凝土空心方柱的力学行为（包括应力-应变曲线、变形特点和破坏机理）都显著受空心率的影响。

（4）组合方柱中混凝土处在一个环向和径向不均衡的横向约束应力状态下，故需要建立适合于 FRP-混凝土-钢管组合方柱的承载力、应力-应变关系等的理论模型，以对其混凝土的性能进行精确分析。

（5）循环轴压荷载对 FRP-混凝土-钢管组合方柱极限承载力的影响不明显，且组合方柱仍然具有良好的延性。随着卸载/再加载循环次数的增多，FRP-混凝土-钢管组合方柱的塑性变形增大。循环荷载作用下，FRP-混凝土-钢管组合方柱的承载力随钢管径厚比的减小而逐渐增大，当径厚比由 25.1 减小至 16.1 时，极限承载力增大约 9.7%。

（6）与对单调荷载下组合方柱轴压性能的影响相似，钢管径厚比对循环轴压荷载下组合方柱的峰值荷载有较大影响，钢管径厚比越大，峰值荷载越小。空心率对循环轴压荷载下组合方柱峰值荷载的影响不显著。

（7）由于钢管和混凝土两种材料塑性性能的差别，在初始的卸载/加载循环中，两种材料的塑性应变几乎是同步的，但随着循环次数的增加，尤其是最后一个循环，钢管的塑性应变远大于混凝土的塑性应变。

（8）循环轴向荷载作用下，组合方柱试件的应力-应变外包络线与相应单调荷载下试件的应力-应变曲线相接近，因此，对于已有组合圆柱中混凝土的单调轴压荷载下的应力-应变模型，通过考虑截面形状的影响，可用于预测组合方柱中混凝土在循环轴压荷载下应力-应变曲线的外包络线。

本章参考文献

[1] 滕锦光，余涛，黄玉龙，等．FRP管-混凝土-钢管组合柱力学性能的试验研究和理论分析 [J]．建筑钢结构进展，2006，8（5）：1-7.

[2] Han L，Tao Z，Liao F，et al．Tests on cyclic performance of FRP-concrete-steel double-skin tubular columns [J]．Thin-Walled Structures，2010，48（6）：430-439.

[3] 张冰．FRP管-高强混凝土-钢管组合短柱轴压性能试验研究 [D]．哈尔滨：哈尔滨工业大学，2009.

[4] 王志滨，陶忠．FRP-混凝土-钢管组合受弯构件力学性能试验研究 [J]．工业建筑，2009，39（4）：5-8.

[5] 钱稼茹，刘明学．FRP-混凝土-钢双壁空心管短柱轴心抗压试验研究 [J]．建筑结构学报，2008，29（2）：104-113.

[6] 钱稼茹，刘明学．FRP-混凝土-钢双壁空心管柱抗震性能试验 [J]．土木工程学报，2008，41（3）：29-36.

[7] Louk Fanggi B A，Ozbakkaloglu T．Compressive behavior of aramid FRP-HSC-steel double-skin tubular columns [J]．Construction and Building Materials，2013（48）：554-565.

[8] Ozbakkaloglu T，Louk Fanggi B A．Axial compressive behavior of FRP-concrete-steel double-skin tubular columns made of normal and high-strength concrete [J]．Journal of Composites for Construction，2014，18（1）：1-14.

[9] Ozbakkaloglu T，Louk Fanggi B A．FRP-HSC-steel composite columns：behavior under monotonic and cyclic axial compression [J]．Materials and Structures，2015（48）：1075-1093.

[10] Teng J G，Yu T，Wong Y L，et al．Hybrid FRP-concrete-steel tubular columns：concept and behavior [J]．Construction and Building Materials，2007，21（4）：846-854.

[11] 肖岩，吴徽，陈宝春．碳纤维套箍约束混凝土的应力-应变关系 [J]．工程力学，2002，19（2）：154-159.

[12] 吴刚，吕志涛．纤维增强复合材料约束混凝土矩形柱应力-应变关系的研究 [J]．建筑结构学报，2004，25（3）：99-106.

[13] 盛国华，朱浮声，徐明磊．基于性能的FRP加固混凝土柱抗震水平及指标选取 [J]．东北大学学报（自然科学版），2012，33（2）：284-288.

[14] Wong Y L，Yu T，Teng J G，et al．Behavior of FRP-confined concrete in annular section columns [J]．Composites Part B：engineering，2008，39：451-466.

[15] 高丹盈，王代．FRP-混凝土-钢管组合方柱轴压性能及承载力计算模型 [J]．中国公路学报，2015，28（2）：43-52.

第4章 FRP-混凝土-钢管组合方柱
轴压承载力计算方法

4.1 引言

基于第 3 章 FRP-混凝土-钢管组合方柱轴压性能的分析,本章将方柱等效为圆柱,建立其轴压承载力计算的理论模型;在分析 FRP-混凝土-钢管组合方柱轴压承载力试验结果的基础上,重点研究空心率、钢管径厚比以及 FRP 布层数对 FRP-混凝土-钢管组合方柱轴压承载力的影响;通过混凝土的强弱分区,建立 FRP-混凝土-钢管组合方柱轴压承载力的简化计算模型;基于建立的计算模型及对本书和相关文献试验结果的统计分析,提出考虑 FRP 约束程度、空心率和钢管径厚比影响的 FRP-混凝土-钢管组合方柱轴压承载力计算公式。本章建立的 FRP-混凝土-钢管组合方柱轴压承载力计算方法为 FRP-混凝土-钢管组合方柱的设计与应用提供了理论依据。

4.2 轴压承载力理论模型

将 FRP-混凝土-钢管组合方柱分成外 FRP 管、内钢管和夹层混凝土三部分,采用极限平衡法[1-2]建立其轴向承载力计算模型。由于方形的外 FRP 管的约束混凝土机理复杂,其对核心混凝土的约束力主要集中在 4 个角上(图 4.1),并且约束力很不均匀,角部混凝土受到的约束强,边部中间管壁混凝土受到的约束弱。为简化计算,在核心混凝土轴压应力计算中将其等效为圆形截面进行分析,见图 4.2。

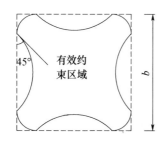
图 4.1 方形截面有效约束区域

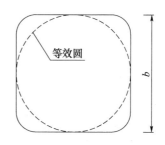
图 4.2 方形截面的等效

考虑到方形截面柱全截面并未受到均匀的约束及 FRP 管并未充分发挥其约束作用,引入截面形状系数 k_s 和考虑倒角处应力集中的折减系数 k_e,即

$$\sigma_F = k_s k_e \sigma_Y \tag{4.1}$$

式中　σ_F、σ_Y——方柱和圆柱的轴压应力；

　　　k_s、k_e——截面形状系数和考虑倒角处应力集中的折减系数，两者的关系式分别为[3-4]：

$$k_s = \frac{A_e}{A_g} = \frac{A_g - \frac{2}{3}(b - 2R_c)^2}{A_g}, \quad k_e = \left(1 - \frac{\sqrt{2}}{2}k_i\right)\frac{R_c}{b} + \frac{\sqrt{2}}{2}k_i \tag{4.2}$$

式中　b、R_c、A_e、A_g——方形柱的边长、倒角半径、有效约束面积和毛截面面积，其中，$A_g = b^2 - (4 - \pi)R_c^2$；

　　　k_i——系数，基于文献［3］的结果，取 $k_i = 0.2121$。

　　由于不考虑 FRP 管对轴心受压承载力的直接贡献，在轴力 N 的作用下，外层 FRP 管受均匀内压力 p_1 的作用，内层钢管受均匀外压力 p_2 的作用，FRP 管处于径向受压和环向受拉的二向应力状态，如图 4.3（a）所示。通过外层 FRP 管、内层钢管、夹层混凝土以及组合方柱的受力平衡，可建立组合方柱轴压承载力的计算模型。

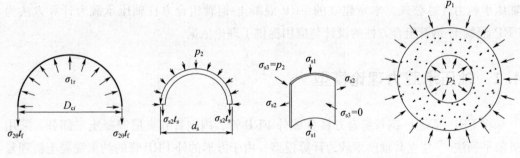

(a) 外层FRP管受力　　(b) 内层钢管受力　　(c) 内层钢管微元受力分析　　(d) 夹层混凝土受力

图 4.3　FRP-混凝土-钢管组合方柱各组成元件受力分析

　　由图 4.3（a）外层 FRP 管的受力平衡，得到

$$p_1 = \sigma_{1r} = \frac{\sigma_{2\theta} \cdot 2t_f}{D_{ci}} \tag{4.3}$$

式中　p_1——外层 FRP 管受到的均匀内压力；

　　　σ_{1r}、$\sigma_{2\theta}$——FRP 管的径向应力和环向应力，当轴力 N 达到 FRP-混凝土-钢管组合方柱的轴压承载力时，$\sigma_{2\theta} = f_f$；

　　　t_f、D_{ci}——外层 FRP 管的壁厚和内径；

　　　f_f——FRP 布的极限抗拉强度。

　　由图 4.3（b）内层钢管受力平衡，得到

$$p_2 d_s = -2\sigma_{s2} \cdot t_s \tag{4.4}$$

式中　p_2——内层钢管受到的均匀外压力；

　　　d_s、t_s——内钢管的外径和壁厚；

　　　σ_{s2}——内钢管的环向应力。

由于内钢管所受径向应力 σ_{s3} 与环向应力 σ_{s2} 相比很小，可以忽略径向应力的影响，把钢管看作在轴压应力 σ_{s1}、环向应力 σ_{s2} 作用下的二向受力状态，见图 4.3（c）。采用 Von Mises 屈服条件：

$$\sigma_{s1}^2 + \sigma_{s1}\sigma_{s2} + \sigma_{s2}^2 = \sigma_s^2$$

即
$$\sigma_{s1} = \sqrt{\sigma_s^2 - \frac{3}{4}\sigma_{s2}^2} - \frac{\sigma_{s2}}{2} \tag{4.5}$$

式中　σ_{s1}——内钢管的轴压应力；

　　　σ_s——内钢管的屈服强度。

将式（4.4）中 σ_{s2} 代入式（4.5），求得钢管的轴压应力。

在轴向压力作用下，夹层混凝土的横向扩展受到外管约束 p_1 和内管约束 p_2 的作用，实际上处于三向受压应力状态，但侧向约束应力、环向应力与径向应力并不相等，且随夹层混凝土内外径大小而发生变化。由于内外管的约束，单轴受压混凝土的裂缝发展受到限制，从而使混凝土接近无裂纹发展的受压状态，即三向受压状态。为方便计算，三向受压下组合管柱中混凝土强度的计算模型取为

$$f_{cc}' = f_{co} + k_c p \tag{4.6}$$

式中　f_{cc}'——在等侧压力 p 作用下的三向受压混凝土的强度；

　　　f_{co}——混凝土无侧压时的抗压强度；

　　　k_c——侧压系数。

如图 4.3（d）所示，夹层混凝土受到内外管 p_1 和 p_2 的作用。当 FRP-混凝土-钢管组合方柱达到极限状态时，组合方柱以 FRP 布的环向拉断而破坏，此时核心混凝土获得最大约束力，即

$$p = p_1 \tag{4.7}$$

将式（4.3）代入式（4.7），得到

$$p = \frac{f_f \cdot 2t_f}{D_{ci}} \tag{4.8}$$

因为外 FRP 管由湿粘法成型，故不考虑 FRP 外管对轴向承载力的直接贡献，FRP-混凝土-钢管组合方柱轴压承载力 N' 为

$$N' = N_c + N_s \tag{4.9}$$

式中 N_c、N_s——夹层混凝土和内钢管的极限承载力。

将式（4.1）、式（4.2）、式（4.5）、式（4.6）代入式（4.9），得到 FRP-混凝土-钢管组合方柱轴压承载力计算模型为

$$N' = A_c \cdot \left[f_{co} + k_c \cdot k_s \cdot k_e \left(\frac{f_f \cdot 2t_f}{D_{ci}} \right) \right] + A_s \cdot \left[\sqrt{\sigma_s^2 - \frac{3}{4} \left(\frac{p_2 d_s}{2t_s} \right)^2} + \frac{p_2 d_s}{2 \cdot 2t_s} \right] \quad (4.10)$$

式中 A_c、A_s——等效圆形截面夹层混凝土及内钢管的面积。

将式（4.10）对 p_2 求导，由极值条件得到

$$A_s \cdot \frac{d_s}{4t_s} - \frac{\dfrac{3A_s d_s^2 p_2}{16t_s^2}}{\sqrt{\sigma_s^2 - \dfrac{3d_s^2 p_2^2}{16t_s^2}}} = 0 \quad (4.11)$$

由式（4.11）解得 $p_2 = p^*$，代入式（4.10）得到的 N' 即为 FRP-混凝土-钢管组合方柱的极限轴压承载力 $N_{max,c}$。

根据文献 [5]，取侧压系数 k_c 为 3.3，代入式（4.10）进行计算。将承载力计算结果与试验结果 $N_{max,e}$ 进行对比，见表 4.1。承载力试验值与计算值之比的平均值为 1.066、均方差为 0.08、变异系数为 7.67%，两者符合较好。

表 4.1 轴向承载力计算值与试验值的比较

试件编号	d_s (mm)	t_s (mm)	D_{ci} (mm)	t_f (mm)	σ_s (MPa)	f_{co} (MPa)	f_f (MPa)	$N_{max,c}$ (kN)	$N_{max,e}$ (kN)	$\dfrac{N_{max,e}}{N_{max,c}}$
DSC11	108	4.3	150	0.4	366	39	2650	1018.5	946.1	0.929
DSC12-a	76	4.3	150	0.4	350	39	2650	1049.9	1098.8	1.047
DSC13	108	6.5	150	0.4	373	39	2650	1319.0	1267.3	0.961
DSC21	108	4.3	150	0.8	366	39	2650	1113.5	1191.2	1.070
DSC22-a	76	4.3	150	0.8	350	39	2650	1196.6	1337.0	1.117
DSC23	108	6.5	150	0.8	373	39	2650	1414.0	1580.7	1.118
DSC31	108	4.3	150	0.74	366	39	3042	1125.3	1267.3	1.126
DSC32-a	76	4.3	150	0.74	350	39	3042	1214.7	1463.3	1.205
DSC33	108	6.5	150	0.74	373	39	3042	1425.8	1458.9	1.023

当侧压系数 k_c 分别取 3.3 和 4 时，轴压承载力与钢管径厚比及混凝土强度 f_{co} 的关系见图 4.4。结果表明：当 f_{co} 一定时，极限承载力随钢管径厚比的增大而减小；当钢管径厚比一定时，极限承载力随 f_{co} 的增大而增大。k_c 值越大，即核心混凝土内摩擦角 φ 越大[6]，N 也越大。

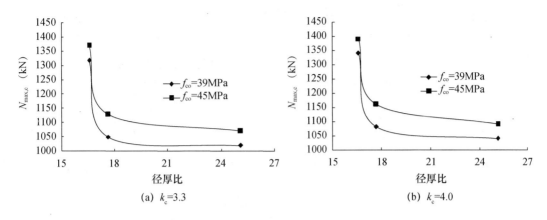

图 4.4　径厚比与 $N_{max,c}$ 及 f_{co} 的关系

4.3　轴压承载力影响因素

根据本书的试验结果分析[7]，FRP-混凝土-钢管组合方柱极限承载力较钢管与混凝土承载力的简单叠加值有明显提高。下面根据表 3.1 试验结果，重点分析空心率、钢管径厚比和 FRP 布层数对组合方柱轴压承载力的影响。

4.3.1　空心率

在组合方柱外部约束相同的情况下，空心率对 FRP-混凝土-钢管组合方柱轴压承载力的影响见图 4.5。当组合方柱内部无钢管即为 FRP 布约束混凝土空心方柱时，其轴压承载力随空心率的增大而显著降低，尤其当空心率大于 0.5 以后。在外缠 2 层 FRP 布和 4 层 FRP 布约束情况下，当空心率从 0 增大到 0.51 时，轴压承载力分别下降 27.7% 和 25.3%；当空心率从 0.51 增大到 0.72 时，轴压承载力分别降低 32.4% 和 38.3%；当钢管径厚比接近时，尤其是径厚比接近 20 时，组合方柱的轴压承载力随空心率的增大而提高。在外缠 2 层 FRP 布的情况下，当钢管径厚比为 17.7 和 16.1（23.1 和 22）[8]时，空心率从 0.51 增大到 0.72（0.76[8]），FRP-混凝土-钢管组合方柱轴压承载力提高 15.3%（20.8%[8]）。当径厚比差别较大时，尤其是小于 20（如试件 DSC12-a、DSC22-a）或大于 20（如试件 DSC11、DSC21）时，组合方柱轴压承载力随空心率的增大而降低。

4.3.2　内钢管径厚比

在组合柱外部约束相同的情况下，钢管径厚比对 FRP-混凝土-钢管组合方柱轴压承载力的影响见图 4.5。当空心率相同时，FRP-混凝土-钢管组合方柱的轴压承载力随钢管径厚比的增大而显著减小。在组合柱空心率为 0.72、外缠 2 层 FRP 布和 4 层 FRP 布约束情况下，钢管径厚比由 16.1 增大到 25.1 时，轴压承载力分别降低 25.3% 和 24.6%。分析表 3.1 以及文献 [8] 具有相同外部约束和不同径厚比（或空心率）的组合方柱轴压承载力试验结果可知，组合方柱中的混凝土内表面需要内钢管支撑。当内钢管支撑合适时，外缠 FRP 布的约束作用才能充分发挥，使组合柱的轴压承载力显著提高。根据相关研究[7,9]，约束效果主要取决于钢管的径厚比，钢管径厚比越小，钢管约束作用越强。因此，在 FRP-混凝土-钢管组合方柱设计时，应综合考虑内钢管、外缠 FRP 布和核心混凝土三者的匹配性。

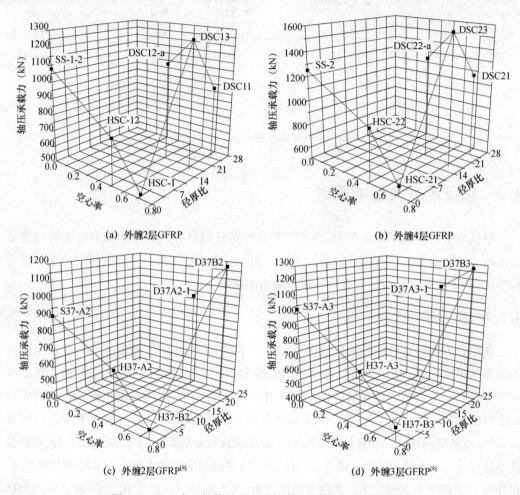

图 4.5　空心率、钢管径厚比对组合方柱轴压承载力的影响

4.3.3　FRP 布层数

FRP-混凝土-钢管组合方柱和 FRP 布约束混凝土实心方柱的轴压承载力均与外缠 FRP 布的层数密切相关。在其他参数相同时，组合方柱轴压承载力随 FRP 布层数的增大而显著提高，见图 4.6。外缠 3 层、4 层 GFRP 布组合柱的承载力比外缠 2 层 GFRP 布组合柱的承载力分别提高的最大幅度为 15.8% 和 25.9%。对于 FRP 布约束混凝土空心方柱，外缠 FRP 布层数对其承载力的影响没有对相应实心方柱、组合方柱的明显，尤其是空心率较大（如 0.72、0.76[8]）的试件，3 层、4 层 FRP 布约束混凝土空心方柱的承载力与 2 层 FRP 布约束混凝土空心方柱的承载力基本相同，最大增长幅度仅为

9.4%。可能是空心方柱中的混凝土处在更不均匀的应力状态下，承载力更多受内边界混凝土局部损坏、剥落控制而非外部 FRP 布的拉裂。外缠 FRP 布层数对 FRP-混凝土-钢管组合方柱承载力的影响比 FRP 布约束混凝土实心方柱更显著，进一步说明钢管对混凝土的破坏和剥落起到了较大的约束作用。

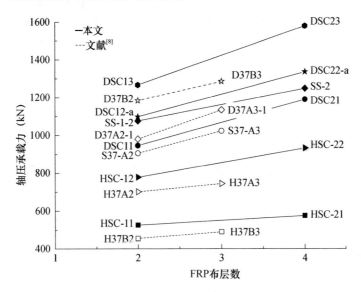

图 4.6　外层 FRP 层数对组合方柱轴压承载力的影响

4.4　轴压承载力简化计算方法

4.4.1　轴压承载力简化计算模型

在本书试验中，由于外层 FRP 管是由 FRP 布通过湿粘法成型得到的，可不考虑其对轴向承载力的直接贡献。因此，FRP-混凝土-钢管组合方柱轴压承载力的计算模型为

$$N_u = N_c + N_s \qquad (4.12)$$

式中　　N_u——FRP-混凝土-钢管组合方柱轴压承载力；

　　　　N_c、N_s——夹层混凝土和钢管的轴压承载力。

4.4.1.1　夹层混凝土的轴压承载力 N_c

对图 4.7（a）所示的 FRP-混凝土-钢管组合方柱，其截面上的应力是沿整个横截面及组合方柱高度方向发生变化的，且与界面形状及约束的范围有关。为简化计算，忽略应力沿组合方柱高度方向的变化。由于外 FRP 管和内钢管的约束，轴向压力引起核心混凝土的横向变形受到限制，即混凝土受到来自外 FRP 管和内钢管的压应力，使横截面上的应力沿整个断面变化。外 FRP 管对混凝土的压应力以集中力的形式作用于方形截面的角部，其大小与 FRP 外管的拉伸弹性模量及厚度等有关，方向分别与被约束的核心混凝土截面的两个边平行，见图 4.7（b）。

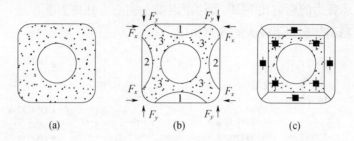

图 4.7　FRP-混凝土-钢管组合方柱的约束区

在外 FRP 管和内钢管的约束下，组合方柱中混凝土的受力可分为三个区域，见图 4.7（b）。由于方形截面柱侧面中部受到的约束几乎为零，基本处于双轴应力状态，称 1 区和 2 区为弱约束。由于 FRP-混凝土-钢管组合方柱中的 3 区混凝土受到外 FRP 管和内钢管的双重约束，处于三向受压应力状态，其强度得到不同程度的提高，称 3 区为强约束区。因此，组合柱中的混凝土承载力等于弱约束区与强约束区承载力之和。即

$$N_c = A_{2c} \cdot f_{2c} + A_{3c} \cdot f_{3c} \qquad (4.13)$$

式中　f_{2c}、f_{3c}——弱约束区和强约束区的混凝土抗压强度；

　　　A_{2c}、A_{3c}——弱约束区和强约束区的面积，关系式为[10]

$$A_{2c} = \frac{2}{3}(b - 2R_c)^2 \qquad (4.14)$$

$$A_{3c} = b^2 - (4 - \pi) R_c^2 - \frac{\pi \cdot d_s^2}{4} - \frac{2}{3}(b - 2R_c)^2 \qquad (4.15)$$

式中　b、R_c、d_s——方形截面边长、倒角半径和内钢管外直径。

FRP 对核心混凝土的约束属于被动约束，提供沿周边不均匀的侧向约束力。将不均匀侧向约束力等效为均匀分布的应力 f_l，取截面的一半进行应力分析，见图 4.8。当 FRP 被拉断时，核心混凝土受到的最大等效约束压应力为

$$f_l = \frac{2t_f f_f}{b} \qquad (4.16)$$

式中　t_f、f_f——FRP 布的名义厚度和极限抗拉强度。

试验表明：FRP-混凝土-钢管组合方柱的破坏是柱中上部范围 FRP 布从角部被拉（裂）断成几条引起的，约束区混凝土极限抗压强度主要与混凝土所受到的 FRP 布最大等效约束压应力 f_l 有关。根据对本书（表 3.1）和文献［11］～文献［15］ FRP-混凝土-钢管组合圆柱试验结果的分析（图 4.9），FRP-混凝土-钢管组合方柱强约束区混凝土极限抗压强度 f_{3c} 的关系式为

$$f_{3c} = 2.705 f_1^2 / f_{co} - 0.917 f_1 + 1.272 f_{co} \tag{4.17}$$

式中　f_{co}——无侧压时混凝土的抗压强度。

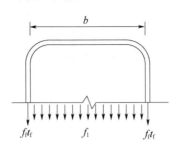

图 4.8　FRP 对混凝土的约束作用

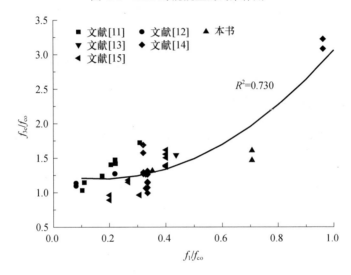

图 4.9　强约束区混凝土的抗压强度

弱约束区混凝土处于双轴受力状态，采用 Tasuji-Slate-Nilson 准则[16]，其极限抗压强度可简化为

$$f_{2c} = 1.2 f_{co} \tag{4.18}$$

4.4.1.2　钢管的极限承载力 N_s

试验表明：FRP-混凝土-钢管组合方柱破坏时，径向压力 p_2（图 4.10）使内钢管的环向应力 σ_{s2} 达到钢管屈服强度，内钢管达到最大承载力，此时钢管变形迅速增大，对混凝土的约束能力减弱。钢管环向应力 σ_{s2} 为

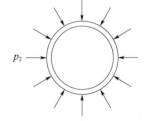

图 4.10　内部钢管受力分析

$$\sigma_{s2} = p_2 d_s / 2 t_s$$

当 $\sigma_{s2} = \sigma_s$ 时，钢管屈服，得到

$$p_2 = 2\sigma_s \cdot t_s / d_s \tag{4.19}$$

式中 d_s、t_s、σ_s——钢管外直径、厚度和屈服强度。

由于钢管所受径向应力与环向应力相比很小，可忽略径向应力的影响，钢管处于轴向受压和环向受压的二向应力状态。采用 Mises 屈服准则，钢管极限承载力为

$$N_s = A_s \cdot \left[\sqrt{\sigma_s^2 - \frac{3}{4}\left(\frac{p_2 d_s}{2t_s}\right)^2} + \frac{p_2 d_s}{2 \cdot 2t_s} \right] \tag{4.20}$$

式中 A_s——钢管横截面面积。

将式（4.19）代入式（4.20），得到

$$N_s = A_s \cdot \sigma_s \tag{4.21}$$

将式（4.13）和式（4.21）代入式（4.12），得到 FRP-混凝土-钢管组合方柱轴压承载力计算公式为

$$N_u = N_c + N_s = A_{2c} \cdot f_{2c} + A_{3c} \cdot f_{3c} + A_s \cdot \sigma_s \tag{4.22}$$

4.4.2 轴压承载力计算公式

在式（4.22）中，混凝土承载力部分的计算比较复杂，下面利用本书 FRP 布约束混凝土方柱试验结果对其进行简化。

设夹层混凝土截面面积为 A_c，夹层弱约束区和强约束区的混凝土抗压强度 f_{2c}、f_{3c} 统一用约束混凝土抗压强度 f_{cc}' 表示，则式（4.22）可表达为

$$N_u' = A_c \cdot f_{cc}' + A_s \cdot \sigma_s \tag{4.23}$$

根据对试验结果的分析，式（4.23）中的约束混凝土抗压强度 f_{cc}' 可表达为：

$$f_{cc}' = \lambda_\phi \cdot \lambda_k \cdot f_{cc} \tag{4.24}$$

式中 λ_ϕ、λ_k——空心率和钢管径厚比的影响系数；

f_{cc}——FRP 布约束混凝土实心方柱的抗压强度。

分析文献 [8]、[17]、[18] 与本书 FRP 布约束混凝土实心方柱试验结果（图 4.11），得到 FRP 约束混凝土实心方柱抗压强度 f_{cc} 的关系式为

$$f_{cc} = \frac{0.57 f_1^2}{f_{co}} + 0.741 f_1 + 0.965 f_{co} \tag{4.25}$$

为了得到空心率影响系数 λ_ϕ 和钢管径厚比影响系数 λ_k，将文献 [8]、[17] 和本书试验数据中（表 3.1）具有相同外部约束的 FRP 约束混凝土空心方柱峰值强度 f_ϕ 分别与 FRP 布约束混凝土实心方柱峰值强度 f_{cc}、FRP-混凝土-钢管组合方柱中混凝土峰值强度 f_{cc}' 相对比，f_ϕ / f_{cc} 与空心率以及 f_{cc}' / f_ϕ 与钢管径厚比的关系分别见图 4.12 和图 4.13。经统计分析，其关系式分别为

$$\lambda_\phi = -0.39\phi^2 + 0.04\phi + 1 \tag{4.26}$$

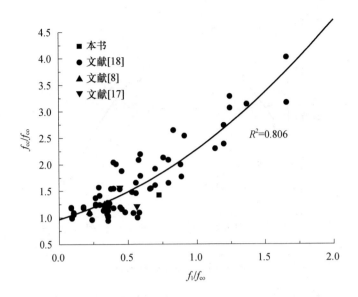

图 4.11　FRP 约束混凝土实心方柱峰值点应力

$$\lambda_k = -0.024k^2 + 0.964k - 8.385 \tag{4.27}$$

式中　ϕ——空心率；

　　　k——钢管径厚比。

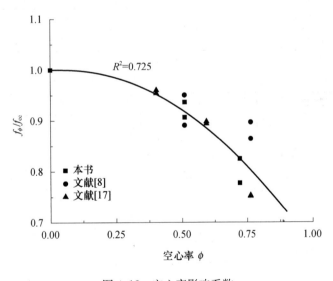

图 4.12　空心率影响系数

　　将本书及文献 [8]、[17] 的具体数据分别代入式 (4.22) 和式 (4.23) 进行计算，结果见表 4.2（表中 FRP-混凝土-钢管组合方柱试件的混凝土外边长均为 150mm）。试验实测值 N_e 与式 (4.22)、式 (4.23) 计算所得承载力 N_u、N_u' 之比的平均值分别为 0.958、0.939，均方差分别为 0.068、0.11，变异系数分别为 7.13%、11.73%，计算值与试验结果符合较好。

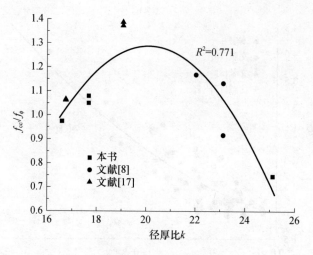

图 4.13 径厚比影响系数

表 4.2 式 (4.22) 和式 (4.23) 计算值与试验结果对比

试件编号	f_f (MPa)	t_f (mm)	R_c (mm)	f_{co} (MPa)	σ_s (MPa)	ϕ	k	N_e (kN)	N_u (kN)	N'_u (kN)
DSC11	2650	0.4	20	39	366	0.72	25.1	946.1	1139.1	899.2
DSC13	2650	0.4	20	39	373	0.72	16.6	1267.3	1421.6	1360.2
DSC12-a	2650	0.4	20	39	350	0.51	17.7	1098.8	1198.9	1312.9
DSC21	2650	0.8	20	39	366	0.72	25.1	1191.2	1280.2	1045.0
DSC23	2650	0.8	20	39	373	0.72	16.6	1580.7	1562.7	1573.2
DSC22-a	2650	0.8	20	39	350	0.51	17.7	1337.0	1472.2	1679.9
D37A2-1[8]	1825.5	0.34	25	37.5	364.3	0.51	23.1	980.7	1058.8	1043.1
D37B2-1[8]	1825.5	0.34	25	37.5	381.7	0.76	22.0	1166.1	1206.7	1194.1
D37A3-1[8]	1825.5	0.51	25	37.5	364.3	0.51	23.1	1202.9	1084.3	1120.4
D37B3-1[8]	1825.5	0.51	25	37.5	381.7	0.76	22.0	1308.7	1218.6	1245.8
DSTC-1[17]	2600	1.6	55.5	30	3.3	0.402	16.8	2516	2744.4	3164.5
DSTC-2[17]	2600	1.6	55.5	30	3.3	0.402	16.8	2507	2744.4	3164.5
DSTC-9[17]	2600	1.6	55.5	30	5.2	0.762	19.1	2490	2395.9	2842.3
DSTC-10[17]	2600	1.6	55.5	30	5.2	0.762	19.1	2505	2395.9	2842.3

4.5 小结

本章重点分析了外层 FRP 布层数、空心率、钢管径厚比对 FRP-混凝土-钢管组合方柱轴压承载力的影响，提出了 FRP-混凝土-钢管组合方柱轴压承载力的计算方法。主要结论有：

（1）通过将方柱等效为圆柱，分析外层 FRP 管、内层钢管和夹层混凝土的极限状态，基于极限平衡理论及对 FRP-混凝土-钢管组合方柱受力的分析，建立了 FRP-混凝土-钢管组合方柱轴压承载力计算的理论模型，其计算结果与试验结果符合较好。

（2）钢管径厚比对组合方柱轴压承载力的影响较显著。当钢管径厚比接近时，组合方柱轴压承载力随着钢管空心率的增大而增长。

（3）外层 FRP 布的层数对 FRP-混凝土-钢管组合方柱、FRP 约束混凝土实心方柱的轴压承载力均有较显著的影响。随着 FRP 布层数的增多，其轴压承载力提高的幅度也增大。

（4）基于对空心率、钢管径厚比以及 FRP 布层数对组合方柱轴压承载力影响的分析，将 FRP-混凝土-钢管组合方柱轴压承载力看作由夹层弱约束区混凝土、强约束区混凝土以及钢管三部分组成，通过对夹层混凝土和钢管承载力的分析，提出了 FRP-混凝土-钢管组合方柱轴压承载力的简化计算模型。

（5）结合本书和相关文献对 FRP 布约束混凝土实心方柱、空心方柱以及 FRP-混凝土-钢管组合方柱试验结果的对比分析，提出了 FRP-混凝土-钢管组合方柱轴压承载力计算公式。

本章参考文献

［1］蔡邵怀. 现代钢管混凝土结构 ［M］. 北京：人民交通出版社，2007.

［2］聂建国，廖彦波. 双圆夹层钢管混凝土柱轴压承载力计算 ［J］. 清华大学学报（自然科学版），2008，48（3）：312-315.

［3］Campione G，Miraglia N. Strength and strain capacities of concrete compression members reinforced with FRP ［J］. Cement & Concrete Composites，2003，25（1）：31-41.

［4］Lam L，Teng J G. Design-oriented stress-strain model for FRP-confined concrete in rectangular columns ［J］. Journal of Reinforced Plastics and Composites，2003，22（13）：1149-1186.

［5］Lam L，Teng J G. Design-oriented stress-strain model for FRP-confined concrete ［J］. Construction and Building Materials，2003，17（6-7）：471-489.

［6］赵均海. 强度理论及其工程应用 ［M］. 北京：科学出版社，2003.

［7］高丹盈，王代. FRP-混凝土-钢管组合方柱轴压性能及承载力计算模型 ［J］. 中国公路学报，2015，28（2）：43-52.

［8］Yu T，Teng J G. Behavior of hybrid FRP-concrete-steel double-skin tubular columns with a square outer tube and a circular inner tube subjected to axial compression ［J］. Journal of Composites for Construction，2013（17）：271-279.

［9］肖岩，吴徽，陈宝春. 碳纤维套箍约束混凝土的应力-应变关系 ［J］. 工程力学，2002，19（2）：154-159.

［10］Mander J B，Priestley M J N，Park R. The oretical stress-strain model for confined concrete ［J］. Journal of Structural Engineering，1988，114（8）：1804-1826.

[11] Yu T. Structural behavior of hybrid FRP-concrete-steel double-skin tubular columns [D]. Hong Kong：The Hong Kong Polytechnic University，2006.

[12] 张冰．FRP 管-高强混凝土-钢管组合短柱轴压性能试验研究 [D]. 哈尔滨：哈尔滨工业大学，2009.

[13] Louk Fanggi B A，Ozbakkaloglu T. Compressive behavior of aramid FRP-HSC-steel double-skin tubular columns [J]. Construction and Building Materials，2013（48）：554-565.

[14] Ozbakkaloglu T，Louk Fanggi B A. Axial compressive behavior of FRP-concrete-steel double-skin tubular columns made of normal-and high-strength concrete [J]. Journal of Composites for Construction，2014，18（1）：1-14.

[15] Ozbakkaloglu T，Louk Fanggi B A. FRP-HSC-steel composite columns：behavior under monotonic and cyclic axial compression [J]. Materials and Structures，2015（48）：1075-1093.

[16] 过镇海．钢筋混凝土原理 [M]. 北京：清华大学出版社，2013.

[17] Louk Fanggi B A，Ozbakkaloglu T. Square FRP-HSC-steel composite columns：behavior under axial compression [J]. Engineering Structures，2015（92）：156-171.

[18] Lam L，Teng J G. Design-oriented stress-strain model for FRP-confined concrete in rectangular columns [J]. Journal of Reinforced Plastics and Composites，2003，22（13）：1149-1186.

第5章 组合方柱偏心受压试验与承载力计算方法

5.1 引言

在实际工程中，钢筋混凝土柱常承受偏心荷载的作用，因此组合柱偏压性能的研究尤为重要，而承载力计算是最关键的研究内容之一。近年来，国内外研究者对钢筋混凝土构件，尤其是与 FRP、钢管等材料结合成为新的组合柱构件开展了广泛的试验研究[1-3]，并提出了一些设计和理论计算模型[4-14]，但关于 FRP-混凝土-钢管组合方柱偏压性能的研究还较少。

为研究 FRP-混凝土-钢管组合方柱在轴向偏心荷载作用下的力学性能，本章进行了 1 个偏心距为 0mm、4 个偏心距为 5mm、4 个偏心距为 15mm、4 个偏心距为 30mm、6 个偏心距为 45mm 共计 19 个试件的偏心受压试验，量测了组合方柱破坏模式、组合方柱高度中间截面钢管和 FRP 布表面轴向应变、组合方柱不同高度位置侧向变形、极限荷载等。基于试验结果，分析了 FRP-混凝土-钢管组合方柱偏心荷载下的轴向应变沿横截面的变化、轴向承载力、轴向荷载-侧向挠度曲线和侧向挠度沿柱高度的变化等。在 FRP-混凝土-钢管组合方柱偏压性能试验研究的基础上，建立了适合于 FRP-混凝土-钢管组合方柱偏压承载力计算的截面分析理论模型和简化计算公式。

5.2 试验概况

5.2.1 试件设计

按偏心距的大小和受拉侧轴向 FRP 布的层数，设计了 5 个系列共 19 根方柱试件，重点研究轴向 FRP 层数和偏心距对 FRP-混凝土-钢管组合方柱偏压性能的影响。组合方柱试件的混凝土外边长为 150mm，倒角半径为 20mm，柱高为 500mm，内钢管规格为 76mm×4mm。试件设计详见表 5.1。

组合方柱偏压试验试件的成型相似于轴压试验[15]，主要有以下步骤：①制作模板，侧面模板由两个 U 形模板交叉组成，内部放置钢管；浇筑混凝土前，先进行钢管外表面应变片的粘贴，尤其是偏心距不为零的试件，应在钢管表面上相对两个轴向应变片位置的钢管端部做标记，试验时使一个应变片位于试件受压侧，另一个位于试件受拉侧

（图 5.1）；②浇筑混凝土；③混凝土养护 28d 后，对试件表面进行打磨等处理，先分层湿粘受拉侧轴向 FRP 布，最后环向全裹 2 层 FRP 布，并使 FRP 搭接区尽量远离受压侧。

图 5.1　钢管应变片位置标记

表 5.1　试件设计和主要试验结果

试件编号	外缠 FRP 层数	偏心距（mm）	混凝土立方体强度（MPa）	峰值荷载（kN）	破坏形式
PSC1-b	2 层环向 FRP	0	54.9	991.9	①柱下部范围非搭接区，FRP 布被从角部拉断
PSC2-a	2 层环向 FRP	5	53.6	1068.8	②柱受压侧中上部范围，FRP 布被从角部拉断成条状
PSC2-b	2 层环向 FRP		53.9	1040.5	
PSC2-1a	1 层轴向 FRP＋2 层环向 FRP		55.8	1032.4	
PSC2-1b			52.7	911	
PSC3-1a	1 层轴向 FRP＋2 层环向 FRP	15	50.6	886.8	同②
PSC3-1b			56.4	761.4	
PSC3-2a	2 层轴向 FRP＋2 层环向 FRP		54.4	971.7	
PSC3-2b			54.9	858.5	
PSC4-1a	1 层轴向 FRP＋2 层环向 FRP	30	55.3	664.3	同②
PSC4-1b			53.0	676.5	
PSC4-2a	2 层轴向 FRP＋2 层环向 FRP		52.6	668.4	
PSC4-2b			57.1	720.9	
PSC5-1a	1 层轴向 FRP＋2 层环向 FRP	45	52.1	486.4	③柱受压侧上端部增强区 FRP 被从角部拉断，端部混凝土被压碎
PSC5-1b			49.9	385.3	
PSC5-2a	2 层轴向 FRP＋2 层环向 FRP		48.3	450	
PSC5-2b	2 层轴向 FRP＋2 层环向 FRP		50.8	534.9	同②
PSC5-3a	3 层轴向 FRP＋2 层环向 FRP		55.0	474.2	
PSC5-3b	3 层轴向 FRP＋2 层环向 FRP		56.9	425.7	同③

注：每个系列编号 a、b 的两个试件完全相同，轴向 FRP 布仅布置在受拉侧。

5.2.2　试验加载、测点布置及数据采集

FRP-混凝土-钢管组合方柱偏压试验时，在沿试件高度中间截面的 FRP 布 4 个侧面上分别粘贴长 20mm 的应变片，用于测试柱的轴向应变，钢管外表面两侧相对位置上分别粘贴长 10mm 应变片，用于量测钢管的轴向应变，见图 5.2。除此之外，在组合方柱受拉侧面沿高度布置 3 个位移计，测量不同高度处组合方柱的侧向变形。偏心距为零的试件，测点布置同轴压试验。

加载时试件下端用刀口铰支座与下承压板相连，试验前将刀口用环氧树脂固定在中心位置，见图 5.3。试验准备时在上、下垫板两侧做好不同偏心距的标记线，见图 5.4（b）。首先根据试件的偏心距确定下垫板与刀口支座中心的位置，放置下垫板；然后使试件纵轴线对准下垫板中心线，安放试件；放置上垫板，确保上垫板中心线与试件纵轴线保持在同一条垂直线上；最后放置钢板条（160mm×35mm×25mm），使钢板条中心线对准上垫板两侧试件偏心距的标记线。偏压试验加载与量测见图 5.4。为安全考虑，待试件上端钢板条与上压板完全对中接触之后，在压力机立柱上围绕试件缠绕几圈钢丝，保护试件及仪表，随着加载缓慢撤掉下垫板下远离加载端的支撑垫板。

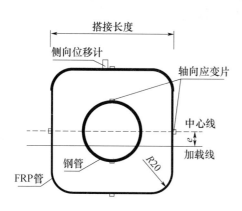

图 5.2　试件高度中间截面应变片的布置

图 5.3　刀口铰支座中的刀口

试验在郑州大学河南省工程材料与水工结构重点实验室的 200t 电液式压力试验机上进行。试验时先进行预加载，预加荷载值为试件极限荷载的 10%。正式加载采用力控、分级加载的加载制度，出现响声前每级加载值为 40kN，出现响声后，每级加载值降为 20kN，试件接近破坏时，连续采集以后各级荷载对应的仪表读数。其中应变和位移由 IMP 数据采集系统同步记录。

5.2.3　试验材料力学性能试验结果

试验材料的取样及试验方法见 2.5 节。组合方柱成型所用 FRP 布抗拉强度为 2650MPa，弹性模量为 160GPa。按照《金属材料　拉伸试验　第 1 部分：室温试验方

法》（GB/T 228.1—2010）分别对钢管进行了拉伸试验，得到的钢管屈服强度为 430MPa，弹性模量为 206.2GPa。依据混凝土结构试验方法，实测与每个组合方柱试件对应的混凝土立方体抗压强度见表 5.1，混凝土轴心抗压强度为 42.9MPa。

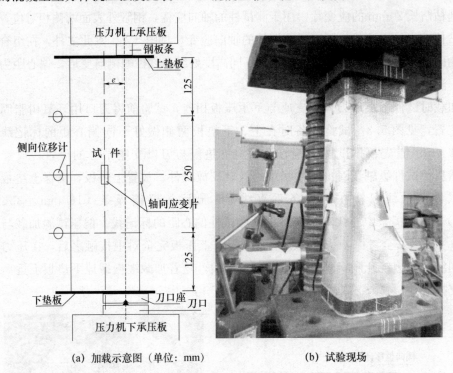

(a) 加载示意图（单位：mm）　　　　(b) 试验现场

图 5.4　偏压试验加载与量测方法

5.3　试验现象及结果分析

5.3.1　破坏形态和位置

　　在 FRP-混凝土-钢管组合方柱偏压试验中，与加载线距离不同的轴向应变计记录截面不同位置的轴向应变，不同高度上的侧向位移计记录不同高度的侧向变形。试验表明：与钢筋混凝土偏压构件类似，组合方柱受到轴心力和轴向弯矩的共同作用，偏压荷载作用下组合方柱的变形包括轴向压缩和弯曲，见图 5.5。随着曲率和侧向变形的增大，实际的荷载偏心距或弯矩沿高度发生变化并且偏离初值，当达到最大侧向变形时，弯矩达到了最大值。随荷载的增大，在距离加载线最远的侧面出现了拉伸裂缝，这些裂缝最初是一些白色的点，表明被 FRP 包裹的混凝土开始出现裂缝，从而导致外部 FRP 树脂基体的破坏。随着受拉裂缝的开展，试件的侧向弯曲变形急剧加速，进一步增大了远离柱端截面的实际荷载偏心距。试件最终以距离加载线最近侧面的内部混凝土受压膨胀使 FRP 布被拉裂而破坏。从试件破坏形态可以看出，偏心距越大，试件的弯曲变形也越大。

根据试验观察和相关研究[8]，试件的破坏形态和位置对偏压承载力影响较大，下面结合破坏照片（图 5.5）对试件的破坏区域和形式进行详细描述。

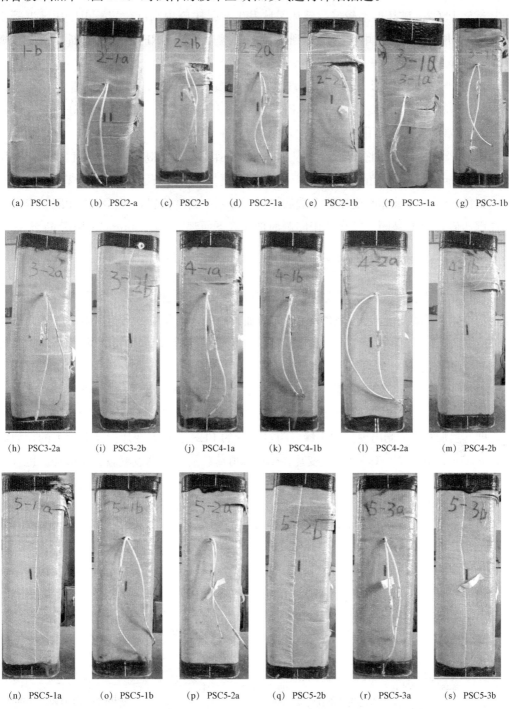

(a) PSC1-b　　(b) PSC2-a　　(c) PSC2-b　　(d) PSC2-1a　　(e) PSC2-1b　　(f) PSC3-1a　　(g) PSC3-1b

(h) PSC3-2a　　(i) PSC3-2b　　(j) PSC4-1a　　(k) PSC4-1b　　(l) PSC4-2a　　(m) PSC4-2b

(n) PSC5-1a　　(o) PSC5-1b　　(p) PSC5-2a　　(q) PSC5-2b　　(r) PSC5-3a　　(s) PSC5-3b

图 5.5　FRP-混凝土-钢管组合方柱试件试验后的照片

试件 PSC1-b 破坏时靠近荷载一侧距顶端约 1/5 高度有一条 FRP（宽 20mm）从角部拉断，远离荷载一侧距底端 1/4 处 FRP（宽约 50mm）被从角隅处断裂。观察试件破坏照片 [图 5.5（a）]，可能加载时有少许偏心。

试件 PSC2-a 破坏形态较好，破坏区域发生在受压侧中高度位置，由于压区混凝土被压碎，FRP 被拉裂，并一直延伸到受拉侧，最后压区 FRP 在角隅处断裂。受拉侧 FRP 未观察到明显变化。

试件 PSC2-b 破坏形态较好，破坏区域发生在受压侧中上部（距顶端 1/4 到 1/2）高度位置，由于压区混凝土被压碎，FRP 被拉裂，最后压区 FRP 在角隅处断裂。受拉侧 FRP 未观察到明显变化。

试件 PSC2-1a 破坏时受压侧上端从加强区下到距柱头 1/4 高度位置，压区混凝土被压碎，约 90mm 宽 FRP 从角隅处断裂并一直延伸到受拉侧（两条延伸裂缝有重叠）。

试件 PSC2-1b 破坏时受压侧上端从加强区下到中高度位置，压区一个角隅处混凝土被局部压碎，FRP 裂断。拉压侧中间侧面加强区下面观察到约 30mm 宽 FRP 断裂。

5.3.2 轴向应变沿横截面的变化

通过粘贴于试件高度中间截面的 FRP 布表面及钢管表面应变片（图 5.2），量测了轴向应变沿柱横截面的变化规律。在不同的加载阶段，轴向应变沿距离中心线不同位置（图 5.2）的变化如图 5.6 所示。其中，实心符号表示钢管轴向应变，本书中压应变为正，拉应变为负。

总体上，在不同的荷载阶段，FRP 管上距离中心线不同位置的应变接近线性，尤其是加载的初始阶段；随着荷载的增长，中性轴不断向截面中心移动，从而导致拉伸应变的出现，即远离加载线一侧出现拉伸裂缝。跨过裂缝的 FRP 表面应变片记录着较大的拉伸应变，如图 5.6 中试件 PSC5-2b，应变片在到达峰值荷载前因裂缝发展较大而破坏。也有一些 FRP 表面应变片数值较小，如图 5.6 中试件 PSC3-1a，通过观察发现，受压侧 FRP 拉裂破坏发生在远离应变片的位置。当钢管应变超过 0.002 时，部分钢管应变明显偏离了线性分布的趋势（图 5.6 中实心符号所示），可能是由钢管上非均匀的局部塑性变形引起的。

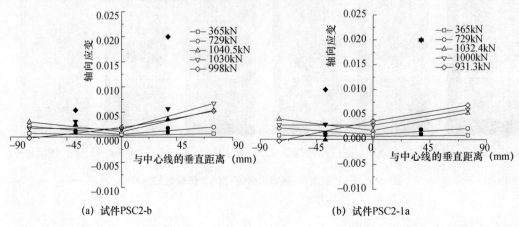

(a) 试件PSC2-b　　　　　　　(b) 试件PSC2-1a

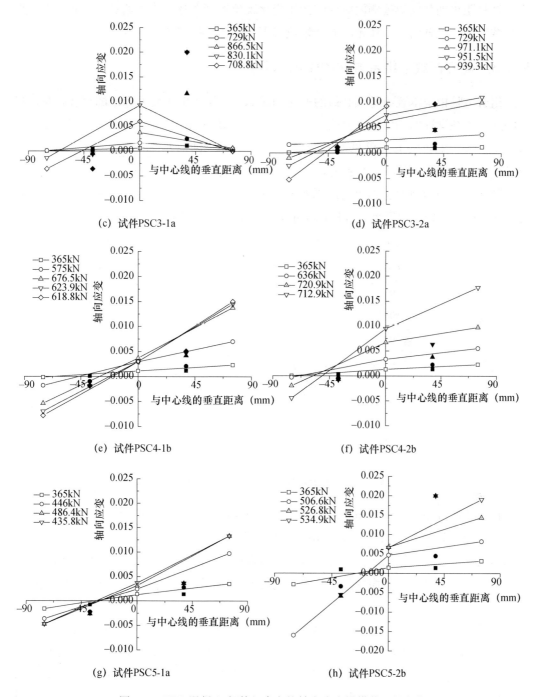

图 5.6　FRP-混凝土-钢管组合方柱轴向应变沿横截面的变化

通过试件受压侧和受拉侧 FRP 表面应变的比较发现，当偏心距＜15mm 时，在加载的初始阶段，两个应变值接近线性增长，表明试件此时处于弹性变形阶段，截面中性轴并未改变。当应变值达到 0.002 时，在距离加载线最远侧面上的压应变急剧下降，然后变成拉应变，表明随着荷载的增加，中性轴逐渐向截面中心移动；随着偏心距的增大，这种距离加载线最远侧面应变的初始变化现象逐渐弱化，当偏心距＞30mm时，距离加载线最远侧轴向应变在相同的初始荷载下，已经是拉应变。

5.3.3 偏心荷载下组合方柱的轴向承载力

组合方柱极限承载力随偏心距的变化如图5.7所示。由于较大弯矩的存在，偏心距大的组合方柱试件的轴压承载力较小，这与圆形FRP-混凝土-钢管组合柱的研究结论一致[8]。由表5.1和图5.7可见，随着偏心距的增大，轴向承载力由991.9kN降为约430kN，急剧降低，下降幅度超过50%；另外，随着受拉侧轴向FRP布由1层增多为2层，其相应极限承载力有小幅度的增加（3.6%～13%）。相对于轴向FRP布层数，偏心距对FRP-混凝土-钢管组合方柱偏压承载力的影响更为显著。

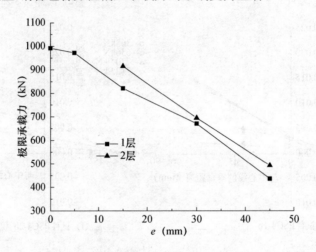

图5.7 组合方柱极限承载力随偏心距的变化

在偏心距较小（e＝0、5mm）的情况下，与相应对比试件比较，承载力相对低的试件（PSC1-b、PSC2-1a、PSC2-1b）破坏区域偏离组合方柱高度中间的一定范围，且有较明显的局部混凝土被压碎。在轴向偏心荷载作用下，随着曲率和侧向挠度的增大，实际的偏心距会沿试件高度而变化，并随荷载的增加而偏离初始值，而破坏区域附近的局部变形将会加剧偏心距的增大。

试验中，出现了两个相同试件承载力差别较大的情况。比较e＝15mm系列的4个试件，PSC3-1a和PSC3-2a的承载力明显高于相同试件PSC3-1b和PSC3-2b，原因即后者的破坏区域相对远离组合方柱高度中间位置，且发生较明显混凝土压碎、FRP被拉开大口的局部变形。相同荷载作用下，实际的弯矩沿试件的高度发生变化，即使相同试件在同样的初始偏心距下，这种变化也可能会有所不同。相同荷载下，被一个较大的实际偏心距作用的试件将承受相对更大的弯矩，使承载力随着这种变化而有不同程度的下降。同样，e＝45mm系列的6个试件也存在如此情况，与e＝15mm系列的区别仅在于：破坏区域更为远离组合方柱高度中间截面，而接近端部的加强区，甚至有的试件（如PSC5-1a）仅加强区发生局部破坏。

通过表 5.1 和上述分析可知，偏压试验中，试件的破坏位置对承载力有较大影响。因此，在试验设计和实际工程中，应采取相应措施保证破坏发生在组合方柱高度中间截面一定范围内，同时注意大偏心距时，端部增贴足够的 FRP 布进行加强，避免发生柱头受压区局部被压碎。

5.3.4 轴向荷载-侧向挠度曲线

实测的 FRP-混凝土-钢管组合方柱轴向荷载-侧向挠度曲线见图 5.8，其中，挠度值由布置在组合柱高度中间位置的侧向位移计量测值经转化得到。图 5.8（a）和图 5.8（b）分别为组合柱受拉侧粘贴 1 层和 2 层轴向 FRP 布时，不同偏心距下轴向荷载-侧向挠度曲线；图 5.8（c）～图 5.8（f）分别为偏心距 5～45mm 时，受拉侧粘贴不同层数轴向 FRP 布时轴向荷载-侧向挠度曲线。

由图 5.8（a）和图 5.8（b）可见，当 $e=5$mm 时，组合方柱的轴向荷载-侧向挠度曲线与轴心受压情况相似，曲线在近似线弹性阶段后进入峰值段，最后经历平缓下降段而丧失承载力；从 $e=15$mm 偏心距开始，组合方柱的轴向荷载-侧向挠度曲线即呈现出与 $e=5$mm 完全不同的变化趋势，整个曲线近似于逐渐上升而后有缓慢下降的抛物线。随着偏心距的增大，初期上升段的斜率相对 $e=5$mm 时逐渐下降，且不停变化直至进入平直的强化段。除了 $e=5$mm 外，其他偏心距时的轴向荷载-侧向挠度曲线大致相似，区别仅是相同荷载下，挠度随偏心距的增大而逐渐增大，曲线下包面积随偏心距的增大而逐渐减小，说明组合柱的耗能能力有所减小[16]。

由图 5.8（c）～图 5.8（f）可看到，相同偏心距下不同层数 FRP 组合方柱的轴向荷载-侧向挠度均呈现出相同的变化趋势，而且随着轴向 FRP 布层数的增多，曲线表现出更加刚性化的特征，相同挠度下，荷载均有不同程度的提高。随着加载的持续，相同荷载下，受拉侧轴向 FRP 布能很好地阻止侧向挠度的发展。进一步表明在组合方柱受拉侧增贴 FRP 布能在某种程度上提高其极限承载力。

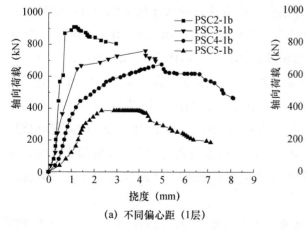

（a）不同偏心距（1层）

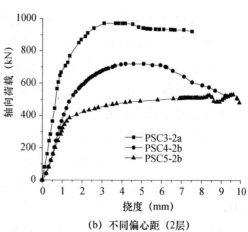

（b）不同偏心距（2层）

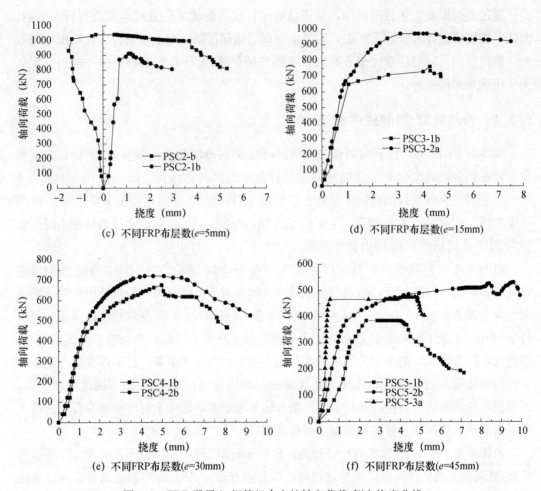

(c) 不同FRP布层数(*e*=5mm)

(d) 不同FRP布层数(*e*=15mm)

(e) 不同FRP布层数(*e*=30mm)

(f) 不同FRP布层数(*e*=45mm)

图 5.8　FRP-混凝土-钢管组合方柱轴向荷载-侧向挠度曲线

5.3.5　侧向挠度沿柱高的变化

　　为了直观地呈现 FRP-混凝土-钢管组合方柱在偏压荷载作用下侧向挠度的发展过程，绘制了不同偏心距下侧向挠度沿柱高的变化曲线，见图5.9。其中，纵坐标 H 为测点距柱底的高度，n 为施加荷载与峰值荷载的比值。由图5.9（a）和图5.9（b）可知，在偏心距较小的情况下，加载初期远离荷载一侧先出现压应变，随着荷载的增大，压应变逐渐减小，最后出现拉应变。当在受拉侧粘贴 1 层轴向 FRP 布时，开始出现的受压变形明显减小［图5.9（c）］。当 e＝15mm、30mm 和 45mm 时，侧向挠度沿柱高的变化曲线均与已有偏压试验研究相同，随着荷载的增大，挠度越来越大。受拉侧增贴轴向 FRP 布能大大减小相同荷载下试件的挠度，从而提高组合方柱的变形能力。

　　结果表明：侧向挠度沿柱高的变化曲线大都出现了与已有偏压试验研究[4-6]不同的现象，即上下挠度不对称，且上部挠度最大。经过分析，可能与加载装置有关，因柱顶端连接的是压力机的球铰可以自由活动，更容易发生位移，而柱底端连接的是刀口铰相对不容易发生位移。另外，相比较中长柱，试验组合方柱的高度较小，上下端支座的差异就不易克服[7]，从而导致上下挠度不对称现象的发生。

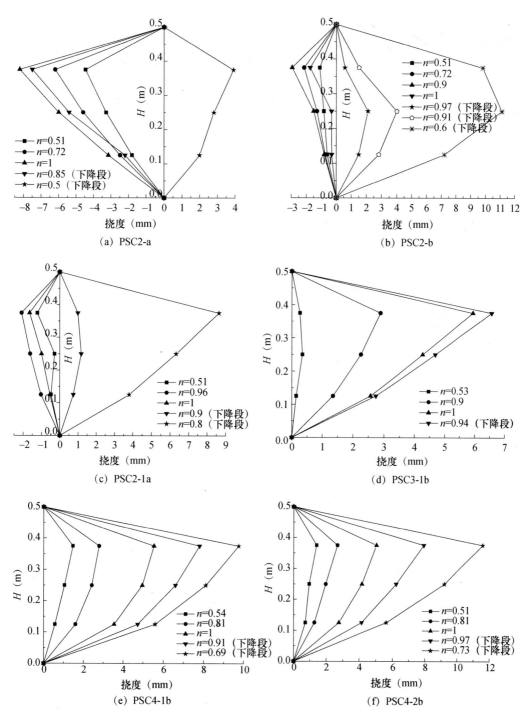

(a) PSC2-a

(b) PSC2-b

(c) PSC2-1a

(d) PSC3-1b

(e) PSC4-1b

(f) PSC4-2b

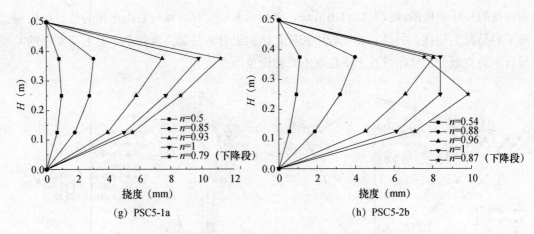

（g）PSC5-1a （h）PSC5-2b

图 5.9 FRP-混凝土-钢管组合方柱侧向挠度沿柱高度的变化

5.4 偏压承载力计算方法

5.4.1 承载力计算的数值方法

5.4.1.1 材料本构关系

参照有关文献，在外 FRP 管和内钢管约束下的夹层混凝土应力-应变关系取为[10]

$$f_c = \begin{cases} E_c\varepsilon_c - \dfrac{(E_c - E_{2pc})^2}{4f_{co}}\varepsilon_c^2, & 0 \leqslant \varepsilon_c \leqslant \varepsilon_t \\ f_{co} + E_{2pc}\varepsilon_c, & \varepsilon_{cc} \geqslant \varepsilon_c \geqslant \varepsilon_t \end{cases} \tag{5.1}$$

式中 f_c、ε_c——受约束混凝土的应力和应变；

ε_t——抛物线与直线分界处的应变，为满足抛物线与直线平滑过渡，

$\varepsilon_t = \dfrac{2f_{co}}{(E_c - E_{2pc})}$；

E_c——混凝土的弹性模量；

f_{co}——无约束混凝土轴心抗压强度；

E_{2pc}——第二段直线的斜率；

ε_{cc}——约束混凝土受压区边缘的极限轴向应变。

已有研究[9]表明，由于应变梯度的存在，与轴心受压状态相比，在纯受弯状态时，FRP 对混凝土的约束效果会有所降低，当处于压弯（偏心受压）状态时，混凝土受到的约束效应将位于二者之间。因此，考虑应变梯度的影响，在偏压承载力分析中，夹层混凝土应力-应变关系中第二段直线斜率与偏心距的关系式为

$$E_{2pc} = \frac{f'_{cc} - f_{co}}{\varepsilon_{cc}} \cdot \frac{b}{b + e} \tag{5.2}$$

式中　b、e——组合柱的边长和偏心距，当 $e=0$ 时，为纯受压状态，当 $e=\infty$时，为纯
受弯状态；

f'_{cc}——约束混凝土抗压强度，根据第 4 章轴压承载力简化公式（4.24）进行
计算。

f_{co}、ε_{cc}意义同前。

通过对 FRP-混凝土-钢管组合圆形柱有关公式[10]的修正，ε_{cc}的计算表达式为：

$$\varepsilon_{cc}=\left[1.75+k_{F}\left(\frac{2E_{f}\cdot t_{f}\cdot \varepsilon_{co}}{f_{co}\cdot b}\right)^{0.8}\cdot\left(\frac{f_{f}}{E_{f}\cdot \varepsilon_{co}}\right)^{1.45}\cdot(1-\phi)^{-0.22}\right]\times\varepsilon_{co} \qquad (5.3)$$

式中　k_{F}——考虑方形截面形状对组合柱轴压应变影响的修正系数，$k_{F}=9.5k_{s}k_{e}$。将
式（5.3）计算值与试验值进行比较（图 5.10），结果表明，当 k_{F} 中系数
取 9.5 时，计算值与试验值吻合较好，k_{s}、k_{e} 详见第 4 章式（4.2）；

E_{f}——FRP 布弹性模量；

ε_{co}——无约束混凝土轴心抗压强度对应的轴向应变，基于混凝土结构设计规范，
ε_{co}取 0.02。

t_{f}——FRP 布的厚度；

f_{f}——FRP 布的拉伸强度。

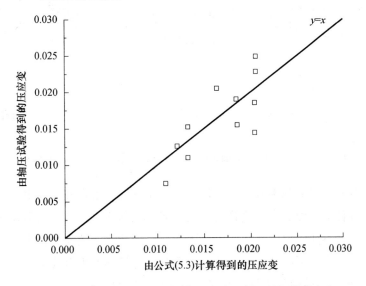

图 5.10　FRP-混凝土-钢管组合方柱中混凝土的极限压应变

钢管本构关系采用理想的弹塑性关系曲线，即

$$f_{s}=\begin{cases}E_{s}\varepsilon_{s}, & 0\leqslant\varepsilon_{s}\leqslant\varepsilon_{st}\\ \sigma_{s}, & \varepsilon_{s}\geqslant\varepsilon_{st}\end{cases} \qquad (5.4)$$

式中　ε_{st}——钢材最先达到屈服强度时对应的应变，即弹性段与塑性段分界处的应变，
$\varepsilon_{st}=\dfrac{\sigma_{s}}{E_{s}}$；

σ_s——屈服强度，根据实测结果，$\sigma_s = 430\text{MPa}$；

E_s——弹性模量，根据实测结果，$E_s = 206.2\text{GPa}$。

当组合柱受拉侧粘贴轴向 FRP 布时，在轴力和弯矩计算中考虑其影响，受拉侧边缘增加的轴向拉力为

$$N'_f = f'_f \cdot t_f \cdot (b - 2R_c) \tag{5.5}$$

式中　f'_f——FRP 提供的轴拉应力，因 FRP 为线弹性材料，FRP 提供的拉应力 $f'_f = \varepsilon_1 E_f$；

　　　ε_1——受拉侧边缘应变，由受压区边缘应变通过平截面假定确定。当 $f'_f \geqslant f_f$ 时，f'_f 取拉伸强度 f_f。

5.4.1.2　截面分析方法

按照截面分析的一般方法，首先给定受压区边缘压应变，试确定中和轴的位置，然后依据几何变形条件（平截面假定）、材料本构关系和力的平衡方程，通过对整个截面每个条带上轴力和弯矩的求和（图 5.11），计算出极限状态时截面的合力和弯矩。

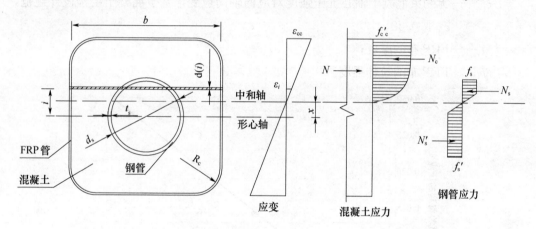

图 5.11　FRP-混凝土-钢管组合方柱截面划分、应变和应力分布

截面分析时采用以下基本假定：①通过对偏压试验中组合柱高度中间截面轴向应变分析，其基本符合平截面假定。钢管表面由于局部鼓曲产生的塑性变形发生在钢管屈服之后，此时应变已不随应力的变化发生显著改变。因此，在截面分析中，采用平截面假定对结果的影响较小，可以忽略。②钢管与混凝土之间不发生滑移；不考虑受拉区混凝土和环向 FRP 布对承载力的贡献；③同一条带的应变均匀分布。

以截面形心轴为中心轴，承载力 N 和弯矩 M 的计算式为

$$N = \sum_{i=1}^{n} \left[f_c(i)A_c(i) + f_s(i)A_s(i) - f'_s(i)A'_s(i) \right] - N'_f \tag{5.6}$$

$$M = \sum_{i=1}^{n} \left[f_c(i)A_c(i)\left(i + \frac{1}{2}d(i)\right) + f_s(i)A_s(i)\left(i + \frac{1}{2}d(i)\right) - \right.$$
$$\left. f'_s(i)A'_s(i)\left(i + \frac{1}{2}d(i)\right) \right] + N'_f\left(\frac{b}{2}\right) \tag{5.7}$$

式中　$f_c(i)$、$A_c(i)$ ——所求条带上混凝土承受的压应力和面积；

　　　　$f_s(i)$、$A_s(i)$ ——所求条带上钢管承受的压应力和面积；

　　　　$f'_s(i)$、$A'_s(i)$ ——所求条带上钢管承受的拉应力和面积；

　　　　　n——划分条带的份数；

　　　　　i——所求条带距截面形心轴的距离（向上为正，向下为负），见图 5.11；

　　　　$d(i)$——条带的宽度，$d(i) = \dfrac{b}{n}$。

将式 (5.1)、式 (5.4)、式 (5.5) 代入式 (5.6)、式 (5.7) 中，对于给定的中和轴位置，分区段对全截面积分，求出轴力 N 和弯矩 M。

根据文献 [17]，因本书的柱高 $H/b = 500/150 < 8$，故不考虑二次效应的影响。

求解计算流程框图见图 5.12。数值迭代步骤具体为：

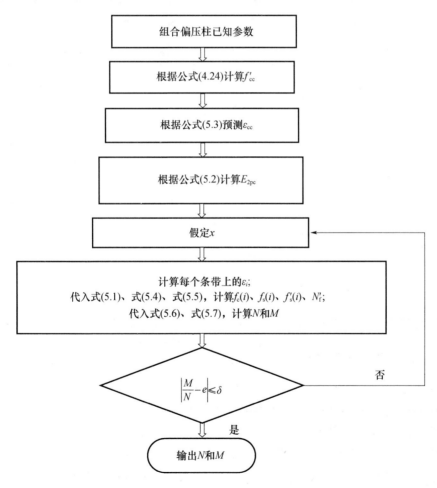

图 5.12　FRP-混凝土-钢管组合方柱偏压承载力计算流程

(1) 根据式 (5.3) 预测极限荷载时受压区边缘的轴向应变值 ε_{cc}；

(2) 假定中和轴位置 x（图 5.11）；

（3）依据几何变形条件，求出每个条带上应变 ε_i 及受拉侧边缘应变 ε_1；

（4）依据各材料的本构关系，求出每个条带上的应力 $f_c(i)$、$f_s(i)$ 及受拉侧轴向 FRP 布提供的拉应力 f_f^t；

（5）乘以相应材料参与应力贡献的面积，得到每个条带上的轴力和对形心轴的弯矩；分区由式（5.6）和式（5.7）对全截面条带求和，得到固定中和轴 x 下轴力 N 和弯矩 M；

（6）代入判别条件 $\left|\dfrac{M}{N}-e\right| \leqslant \delta$（$\delta$ 为迭代精度）；

（7）若满足，则终止计算；若不满足，调整 x，重复步骤（2）～（6）。

5.4.1.3 计算值与试验值比较

通过上述截面分析模型，对表 5.1 中共 11 个 FRP-混凝土-钢管组合方柱试件进行了承载力计算，计算结果 N^1 与试验结果 N^e 对比见表 5.2。偏压承载力试验值 N^e 与计算值 N^1 之比的平均值为 0.925、方差为 0.038、变异系数为 4.1%，二者符合较好。

表 5.2　FRP-混凝土-钢管组合方柱偏压承载力计算值与试验值对比

试件编号	偏心距（mm）	N^e（kN）	N^1（kN）	N^2（kN）	N^e/N^1	N^e/N^2
PSC2-a		1068.8	1101.5	1079.9	0.970	0.990
PSC2-b	5	1040.5	1101.5	1079.9	0.945	0.964
PSC2-1a		1032.4	1101.5	1078.7	0.937	0.957
PSC3-1a	15	886.8	971.0	938.2	0.913	0.945
PSC3-2a		971.7	980.5	946.8	0.991	1.026
PSC4-1a		664.3	740	671.6	0.898	0.989
PSC4-1b	30	676.5	740	671.6	0.914	1.007
PSC4-2a		668.4	752.5	703.6	0.888	0.950
PSC4-2b		720.9	752.5	703.6	0.958	1.025
PSC5-1a	45	486.4	569.1	482.7	0.855	1.008
PSC5-2b		534.9	591.0	509.5	0.905	1.050

注：个别试件因试验原因，其试验值与相同试件差别较大，故未放入表 5.2 中。

5.4.1.4 轴力-弯矩关系曲线

利用建立的偏压荷载作用下 FRP-混凝土-钢管组合方柱截面分析模型，通过计算，研究受拉侧轴向 FRP 布和横向包裹 FRP 布的层数以及钢管厚度对 $N\text{-}M$ 关系曲线的影响，其结果见图 5.13～图 5.15。

在图 5.13 的计算中，仅改变受拉侧轴向 FRP 的层数，其他参数与试验截面相同；在图 5.14 的计算中，仅改变横向 FRP 的层数，受拉侧轴向 FRP 的层数为零，其他参数与试验截面相同；在图 5.15 的计算中，改变钢管厚度（选择改变钢管面积和径厚比，不改变空心率），受拉侧轴向 FRP 的层数为零，其他参数与试验截面相同。

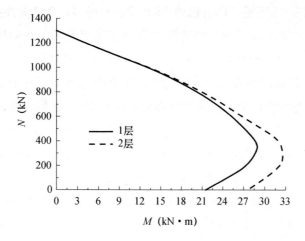

图 5.13　轴向 FRP 布层数对 $N\text{-}M$ 曲线的影响

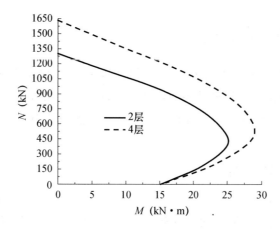

图 5.14　环向 FRP 布层数对 $N\text{-}M$ 曲线的影响

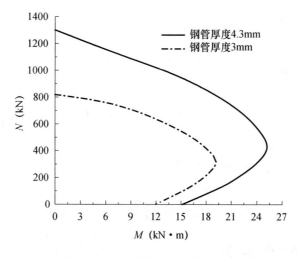

图 5.15　钢管厚度对 $N\text{-}M$ 曲线的影响

从图 5.13~图 5.15 可见，随着轴向 FRP 层数的增多，曲线向外扩大，曲线内侧包含的面积增大，表明截面所能承受的荷载组合的范围增大；曲线的拐弯点向右下方移动，说明截面大偏心受压破坏的范围减小，小偏心受压破坏的范围增大，见图 5.13。随着外层环向 FRP 约束的增强，极限轴力和极限弯矩均得到了显著提高，当偏心距超过界限点后，增大趋势明显降低，纯弯状态时，横向 FRP 层数对极限弯矩没有明显影响；随着横向包裹层数的增多，曲线的拐弯点呈现向右上方移动的趋势，见图 5.14。图 5.13 和图 5.14 的对比表明，受拉侧轴向和环向 FRP 布的层数对 FRP-混凝土-钢管组合方柱轴力-弯矩关系曲线的发展产生了截然不同的影响，因此，可以根据组合方柱所处的具体受力条件，对外部 FRP 管的缠绕（成型）方式进行优化设计。由图 5.15 可以看出，在轴心荷载作用下，较厚钢管的组合方柱呈现出较高的承载力，因为其钢管面积较大。与环向 FRP 布层数的影响相比较，其趋势相似，但纯弯状态下，钢管厚度的影响更为显著。

5.4.2 承载力计算的简化方法

根据图 5.11 的截面应力和应变分布，按照钢筋混凝土偏压构件的分析方法，同时考虑钢管、FRP 布的作用，遵循数值方法中的基本假定，并采用数值方法中材料的本构方程，建立钢管不同受压状态下 FRP-混凝土-钢管组合方柱偏压承载力的简化计算公式。

5.4.2.1 混凝土矩形应力等效

为了简化计算，将图 5.11 中压区混凝土的曲线应力图转换成矩形应力图。当两个图形的面积相等且重心重合时，两者完全等效。若极限状态时截面的压区高度为 x，顶面混凝土应变为 ε_{cc}，则压区距中和轴 y 处的应变为 $\dfrac{\varepsilon_{cc}}{x} \cdot y$，代入混凝土应力-应变关系式（5.1），即可得到此处的混凝土应力。设等效矩形应力图的压区高度为 βx，矩形应力图的压应力为 αf_{co}。

根据面积相等原则，则

$$\alpha f_{co} \cdot \beta x = D = \int_0^{\frac{\varepsilon_t}{\varepsilon_{cc}} \cdot x} \left[E_c \cdot \frac{\varepsilon_{cc}}{x} \cdot y - \frac{(E_c - E_{2pc})^2}{4 f_{co}} \left(\frac{\varepsilon_{cc}}{x} \cdot y \right)^2 \right] \mathrm{d}y +$$

$$\int_{\frac{\varepsilon_t}{\varepsilon_{cc}} \cdot x}^{x} \left[f_{co} + E_{2pc} \cdot \frac{\varepsilon_{cc}}{x} \cdot y \right] \mathrm{d}y \tag{5.8}$$

整理得

$$\alpha \beta = 1 + \frac{f'_{cc} - f_{co}}{2 f_{co}} - \frac{\varepsilon_t}{3 \varepsilon_{cc}} \tag{5.9}$$

根据合力重心重合原则，得

$$\frac{\beta x}{2} = \left\{ \int_0^{\frac{\varepsilon_t}{\varepsilon_{cc}} \cdot x} \left[E_c \cdot \frac{\varepsilon_{cc}}{x} \cdot y - \frac{(E_c - E_{2pc})^2}{4 f_{co}} \left(\frac{\varepsilon_{cc}}{x} \cdot y \right)^2 \right] dy \cdot (x - y) + \right.$$

$$\left. \int_{\frac{\varepsilon_t}{\varepsilon_{cc}} \cdot x}^{x} \left[f_{co} + E_{2pc} \cdot \frac{\varepsilon_{cc}}{x} \cdot y \right] dy \cdot (x - y) \right\} / D \tag{5.10}$$

整理得
$$\alpha\beta \cdot \frac{\beta}{2} = \frac{1}{2} - \frac{1}{3}\frac{\varepsilon_t}{\varepsilon_{cc}} + \frac{1}{12}\left(\frac{\varepsilon_t}{\varepsilon_{cc}} \right)^2 + \frac{f_{cc}' - f_{co}}{6 f_{co}} \tag{5.11}$$

联合式 (5.9) 和式 (5.11)，求解可得

$$\alpha = \frac{(6 + 3R_\sigma - 2R_\varepsilon)^2}{6 (R_\sigma - 2)^2 + 12 R_\varepsilon + 12} \tag{5.12}$$

$$\beta = \frac{(R_\varepsilon - 2)^2 + 2R_\sigma + 2}{6 + 3R_\sigma - 2R_\varepsilon} \tag{5.13}$$

式中　$R_\sigma = \dfrac{f_{cc}' - f_{co}}{f_{co}}$，$R_\varepsilon = \dfrac{\varepsilon_t}{\varepsilon_{cc}}$。

由式 (5.12) 和式 (5.13) 可以看出，应力图形换算参数 α、β 与约束混凝土性能和无约束混凝土性能均有关。

通过对 21 组外方内圆 FRP-混凝土-钢管组合柱试验数据的整理[15,18-19]，并将其代入式 (5.12) 和式 (5.13) 进行计算分析可知，R_ε 对特征参数 α 无规律性影响 [图 5.16 (a)]，而 α 与 R_σ 具有明显线性关系 [图 5.16 (c)]，其表达式为

$$\alpha = 2.08 R_\sigma + 0.83 \tag{5.14}$$

用于统计分析式 (5.14) 的试验数据中，混凝土强度等级有普通和高强，FRP 类型包括 GFRP、CFRP 和 AFRP。由图 5.16 (b) 和图 5.16 (d) 可见，R_ε 和 R_σ 对参数 β 的影响不显著，当 R_ε 在 $0.05 \sim 0.25$ 之间、R_σ 在 $-0.2 \sim 0.7$ 之间变化时，β 值均在 $0.88 \sim 0.98$ 之间变化。考虑到与现行规范的一致性和安全性，β 仍取 0.8。

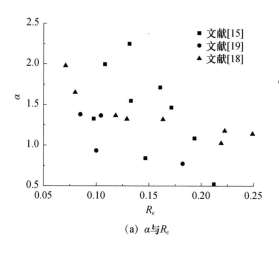

(a) α 与 R_ε

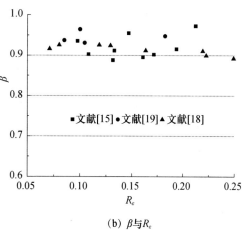

(b) β 与 R_ε

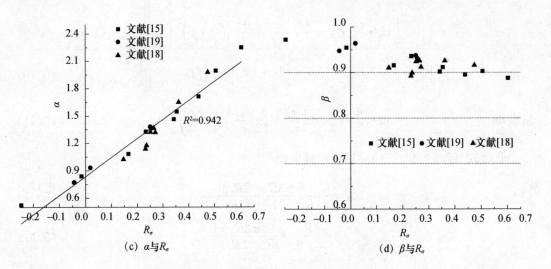

(c) α 与 R_σ (d) β 与 R_σ

图 5.16 等效矩形应力图的特征参数

5.4.2.2 钢管应力等效

根据平截面假定，随荷载的变化，钢管承受的应力分为弹性阶段的梯形（认为三角形是梯形上底为零的特殊情况）和塑性阶段的矩形两部分。为简化计算，仿照混凝土等效的原则将梯形部分等效为矩形（图 5.17）。

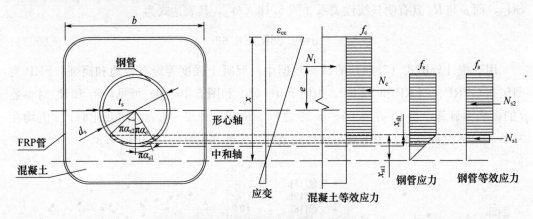

图 5.17 钢管全截面受压承载力计算图

根据面积相等的原则，则

$$\alpha_s f_b \cdot \beta_s x_{sh} = \frac{f_a + f_b}{2} \cdot x_{sh} \tag{5.15}$$

根据合力重心重合原则，则

$$\frac{\beta_s}{2} \cdot x_{sh} = \frac{2f_a + f_b}{3(f_a + f_b)} \cdot x_{sh} \tag{5.16}$$

式中 α_s、β_s——钢管等效矩形应力长度和宽度特征参数；

f_a、f_b、x_{sh}——钢管应力梯形部分的上底、下底、高度。

联立式（5.15）和式（5.16），得

$$\alpha_s = \frac{3\,(f_a+f_b)^2}{4(2f_a+f_b)f_b}; \quad \beta_s = \frac{2\,(2f_a+f_b)}{3(f_a+f_b)} \tag{5.17}$$

当钢管应力为三角形时，即 $f_a=0$，则等效特征参数：

$$\alpha_s = \frac{3}{4}; \quad \beta_s = \frac{2}{3} \tag{5.18}$$

5.4.2.3　承载力计算公式

（1）钢管全截面受压状态 $\left(\dfrac{b+d_s}{2} \leqslant x < b \right)$

在钢管全截面受压状态下，钢管弹性段的应力图为梯形，见图 5.17。根据平截面假定和几何关系，得

$$f_a = \left(1 - \frac{b+d_s}{2x} \right) \cdot \varepsilon_{cc} \cdot E_s$$

$$f_b = \sigma_s$$

$$x_{sh} = x_{st1} - \left(x - \frac{b+d_s}{2} \right) \tag{5.19}$$

式中　x_{st1}——钢管达到屈服强度时的位置与中和轴的距离（图 5.17）。其表达式为

$$x_{st1} = \frac{\sigma_s}{E_s} \cdot \frac{x}{\varepsilon_{cc}} \tag{5.20}$$

根据极限状态下截面平衡条件（图 5.17），力和力矩平衡方程为

$$N_1 = N_c + N_{s1} + N_{s2} \tag{5.21}$$

$$N_1 \left(e + x - \frac{b}{2} - x_{st1} + \frac{\beta_s x_{sh}}{2} \right) = N_c \left(-\frac{\beta}{2}x + x - x_{st1} + \frac{\beta_s x_{sh}}{2} \right) +$$

$$N_{s2} \left(\frac{x}{2} - \frac{x_{st1}}{2} - \frac{b-d_s}{4} + \frac{\beta_s x_{sh}}{2} \right) \tag{5.22}$$

式中　N_1、N_c、N_{s1}、N_{s2}——钢管全截面受压时组合方柱的偏压承载力、混凝土承担
的轴压力、钢管应力等效矩形部分承担的轴压力、钢管
应力矩形部分承担的轴压力。其表达式分别为

$$N_c = \gamma \alpha f_{co} \left[\beta x \cdot b - A_{ss} + A_{ss} \left(\alpha_c - \frac{\sin 2\pi \alpha_c}{2\pi} \right) \right]$$

$$N_{s1} = \alpha_s \cdot \sigma_s \cdot A_s (\alpha_{s2} - \alpha_{s1})$$

$$N_{s2} = \sigma_s \cdot A_s (1 - \alpha_{s2}) \tag{5.23}$$

式中　　　γ——考虑 FRP 约束混凝土应变梯度影响的折减系数，为简化计算，

$\gamma = \dfrac{b}{b+e}$；

A_{ss}——直径为 d_s 的圆的面积，$A_{ss} = \pi (d_s/2)^2$；

A_s——钢管的面积；

$2\pi\alpha_c$——混凝土应力等效矩形中平行且靠近中和轴的边长与钢管截面相交弦长
对应的圆心角，见图 5.17；

α_{s1}——受压区钢管梯形应力等效矩形中，平行且靠近中和轴的边长与钢管截
面相交，其弦长对应的圆心角（图 5.17）与 2π 的比值；

α_{s2}——受压区钢管梯形应力等效矩形中，平行且远离中和轴的边长与钢管截
面相交，其弦长对应的圆心角（图 5.17）与 2π 的比值。

则有几何关系：

$$\cos\pi\alpha_c = \frac{\beta x - b/2}{d_s/2}$$

$$\cos\pi\alpha_{s1} = \frac{d_s/2 - (1-\beta_s)\,x_{sh}}{d_s/2}$$

$$\cos\pi\alpha_{s2} = \frac{x - b/2 - x_{st1}}{d_s/2} \tag{5.24}$$

式中，当 $\cos\pi\alpha_c \geqslant 1$ 时，α_c 取 0；当 $\cos\pi\alpha_c \leqslant -1$ 时，α_c 取 1。其他圆心角取值与此相同。

当组合柱受拉侧粘贴轴向 FRP 布时，考虑其影响，式（5.21）和式（5.22）调
整为

$$N_1 = N_c + N_{s1} + N_{s2} - N_f' \tag{5.25}$$

$$N_1\left(e + x - \frac{b}{2} - x_{st1} + \frac{\beta_s x_{sh}}{2}\right) = N_c\left(-\frac{\beta}{2}x + x - x_{st1} + \frac{\beta_s x_{sh}}{2}\right) +$$

$$N_{s2}\left(\frac{x}{2} - \frac{x_{st1}}{2} - \frac{b-d_s}{4} + \frac{\beta_s x_{sh}}{2}\right) + N_f'\left(b - x + x_{st1} - \frac{\beta_s x_{sh}}{2}\right)$$

$$\tag{5.26}$$

（2）钢管部分受压状态一 $\left[\dfrac{\varepsilon_{cc} \cdot E_s \cdot (b+d_s)}{2(\sigma_s + \varepsilon_{cc} \cdot E_s)} \leqslant x < \dfrac{b+d_s}{2}\right]$

计算图示如图 5.18 所示。承载力计算公式调整为

$$N_2 = N_c + N_{s1} + N_{s2} - N_{s1}' - N_f' \tag{5.27}$$

$$N_2\left(e + x - \frac{b}{2} - \frac{2}{3}x_{st1}\right) = N_c\left(-\frac{\beta}{2}x + x - \frac{2}{3}x_{st1}\right) + N_{s2}\left(\frac{x}{2} - \frac{x_{st1}}{6} - \frac{b-d_s}{4}\right) +$$

$$N_{s1}'\left(\frac{2x_{st1}}{3} + \frac{2x_{sh}'}{3}\right) + N_f'\left(b - x + \frac{2x_{st1}}{3}\right) \tag{5.28}$$

式中　N_2、N_{s1}'——钢管部分受压状态一时组合方柱的偏压承载力、钢管承受的等效矩

形轴向拉力。

其他参数意义同前。

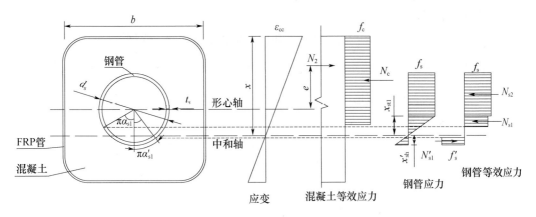

图 5.18　钢管部分受压状态-承载力计算图

式（5.27）和式（5.28）中需要调整和增加的参数表达式分别为

$$\cos\pi\alpha_{s1}=\frac{x-b/2-(1-\beta_s)x_{st1}}{d_s/2} \tag{5.29}$$

$$N'_{s1}=\alpha_s f'_s A_s \cdot \alpha'_{s1} \tag{5.30}$$

式中　f'_s——受拉区钢管三角形应力的底边长，$f'_s=\frac{x'_{sh}}{x}\cdot\varepsilon_{cc}\cdot E_s$；

　　　α'_{s1}——受拉区钢管三角形应力等效矩形中，靠近中和轴边长与钢管截面相交，其弦长对应的圆心角（图 5.18）与 2π 的比值，表达式为：

$$\cos\pi\alpha'_{s1}=\frac{d_s/2-\beta_s x'_{sh}}{d_s/2} \tag{5.31}$$

式中　x'_{sh}——受拉区钢管三角形应力的高度（图 5.18），则

$$x'_{sh}=\frac{b}{2}+\frac{d_s}{2}-x \tag{5.32}$$

（3）钢管部分受压状态二 $\left[\dfrac{\varepsilon_{cc}\cdot E_s\cdot(b-d_s)}{2(\varepsilon_{cc}\cdot E_s-\sigma_s)}\leqslant x<\dfrac{\varepsilon_{cc}\cdot E_s\cdot(b+d_s)}{2(\sigma_s+\varepsilon_{cc}\cdot E_s)}\right]$

计算图示如图 5.19 所示。承载力计算公式调整为：

$$N_3=N_c+N_{s1}+N_{s2}-N'_{s1}-N'_{s2}-N'_f \tag{5.33}$$

$$N_3\left(e+x-\frac{b}{2}-\frac{2}{3}x_{st1}\right)=N_c\left(-\frac{\beta}{2}x+x-\frac{2}{3}x_{st1}\right)+N_{s2}\left(\frac{x}{2}-\frac{x_{st1}}{6}-\frac{b-d_s}{4}\right)+$$

$$N'_{s1}\left(\frac{4x_{st1}}{3}\right)+N'_{s2}\left(\frac{b+d_s}{4}-\frac{x}{2}+\frac{7x_{st1}}{6}\right)+$$

$$N'_f\left(b-x+\frac{2x_{st1}}{3}\right) \tag{5.34}$$

式中 N_3、N'_{s2}——钢管部分受压状态二时组合方柱的偏压承载力、钢管承受的矩形轴拉力。

其他参数意义同前。

式（5.33）和式（5.34）中需要调整和增加的参数表达式分别为

$$N'_{s2} = \sigma_s \cdot A_s \alpha'_{s2} \tag{5.35}$$

式中 α'_{s2}——钢管拉应力矩形中，靠近中和轴边长与钢管截面相交，其弦长对应的圆心角（图 5.19）与 2π 的比值。

$$\cos\pi\alpha'_{s2} = \frac{x - b/2 + x_{st1}}{d_s/2} \tag{5.36}$$

$$N'_{s1} = \alpha_s \sigma_s A_s \cdot (\alpha'_{s1} - \alpha'_{s2}) \tag{5.37}$$

$$\cos\pi\alpha'_{s1} = \frac{x - b/2 + (1 - \beta_s) x_{st1}}{d_s/2} \tag{5.38}$$

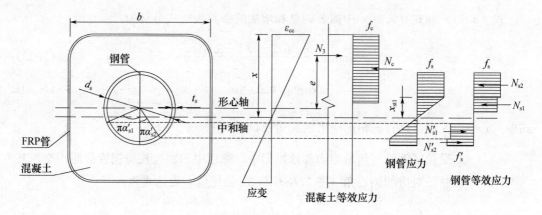

图 5.19 钢管部分受压状态二承载力计算图

（4）钢管部分受压状态三 $\left[\dfrac{b}{2} - \dfrac{d_s}{2} \leqslant x < \dfrac{\varepsilon_{cc} \cdot E_s \cdot (b - d_s)}{2 (\varepsilon_{cc} \cdot E_s - \sigma_s)}\right]$

计算如图 5.20 所示。承载力计算公式调整为

$$N_4 = N_c + N_{s1} - N'_{s1} - N'_{s2} - N'_f \tag{5.39}$$

$$N_4\left(e + x - \frac{b}{2} - \frac{2}{3}x_{st1}\right) = N_c\left(-\frac{\beta}{2}x + x - \frac{2}{3}x_{st1}\right) + N'_{s2}\left(\frac{b + d_s}{4} - \frac{x}{2} - \frac{x_{st1}}{6}\right) +$$

$$N_{s1}\left(\frac{2x_{st1}}{3} + \frac{2x'_{sh}}{3}\right) + N'_f\left(b - x - \frac{2x_{st1}}{3}\right) \tag{5.40}$$

式中，N_{s1} 计算采用状态一中 N'_{s1} 的计算式（5.30），其中式（5.32）调整为 $x'_{sh} = x - \dfrac{b}{2} + \dfrac{d_s}{2}$。其他参数取值及计算同状态二。

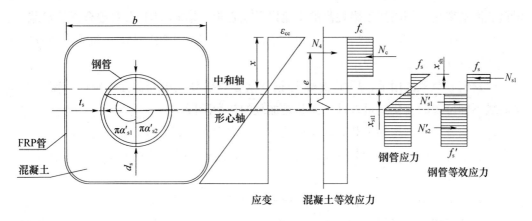

图 5.20　钢管部分受压状态三承载力计算图

5.4.2.4　承载力计算值与试验值的比较

当 $x=\dfrac{b+d_s}{2}$ 时，为钢管全截面受压的界限状态，代入式（5.21）和式（5.22）中，得到界限偏心距 e_1^0，代入式（5.25）和式（5.26）中，得到 $e_1^{n_f}$，其中 n_f 表示轴向 FRP 布的层数；同理，将 $x=\dfrac{\varepsilon_{cc}\cdot E_s\cdot(b+d_s)}{2(\sigma_s+\varepsilon_{cc}\cdot E_s)}$、$x=\dfrac{\varepsilon_{cc}\cdot E_s\cdot(b-d_s)}{2(\varepsilon_{cc}\cdot E_s-\sigma_s)}$、$x=\dfrac{b}{2}-\dfrac{d_s}{2}$ 分别代入式（5.27）和式（5.28）、式（5.33）和式（5.34）、式（5.39）和式（5.40）中，得到相应界限偏心距 $e_2^{n_f}$、$e_3^{n_f}$、$e_4^{n_f}$。将本书试验设计参数代入进行计算得出，$e_1^0=20.9\text{mm}$、$e_1^1=22.4\text{mm}$、$e_1^2=23.9\text{mm}$、$e_2^1=39.5\text{mm}$、$e_2^2=41.1\text{mm}$；经计算，当 $x=56.5\text{mm}<\dfrac{\varepsilon_{cc}\cdot E_s\cdot(b-d_s)}{2(\varepsilon_{cc}\cdot E_s-\sigma_s)}$ 时，承载力已经接近零。当 $x\leqslant\dfrac{b\cdot E_f\cdot\varepsilon_{cc}}{f_f+E_f\cdot\varepsilon_{cc}}$（代入本书试验参数，计算结果为 63.45mm）时，轴向 FRP 布达到其拉伸强度，代入相应计算式中，得到界限偏心距 $e^{n_{fa}}$，当 $e\geqslant e^{n_{fa}}$ 时，承载力公式中的 N_f' 计算时，f_f' 调整为 f_f。根据计算结果分析，表 5.1 中所有试件的轴向 FRP 布均未达到其拉伸强度，这与前述试验现象（受拉侧 FRP 未观察到明显变化）相吻合，同时也表明试验中选择的轴向 FRP 布的安全富余系数偏大，需在今后研究中进一步优化试验设计。

对于给定的偏心距 e 值，首先与界限偏心距相比较，然后代入相应公式，迭代法求解即可得到偏心荷载下 FRP-混凝土-钢管组合方柱的承载力。对表 5.1 中 FRP-混凝土-钢管组合方柱试件进行承载力计算，计算结果 N^j 与试验结果 N^e 对比见表 5.2。偏压承载力试验值 N^e 与计算值 N^j 之比的平均值为 0.992、方差为 0.033、变异系数为 3.3%，二者符合较好。

5.5　小结

本章通过偏心荷载作用下 FRP-混凝土-钢管组合方柱的轴压试验，探讨了轴向应变沿横截面的变化、侧向挠度沿柱高的变化以及偏心距、轴向 FRP 布对组合方柱承载力、轴向荷载-侧向挠度曲线的影响等，提出了偏心荷载作用下 FRP-混凝土-钢管组合方柱轴压承载力的计算方法。主要结论有：

（1）偏心荷载作用下，FRP-混凝土-钢管组合方柱高度中间截面的轴向应变沿距离中心线不同位置的变化接近线性，尤其是加载的初始阶段。

（2）组合方柱试件的承载力随荷载偏心距的增大而显著降低。随着受拉侧轴向 FRP 布由 1 层增为 2 层，轴向荷载-侧向挠度变化曲线呈现更加刚性化的特征，其中极限承载力提高 3.6%～13%。

（3）当偏心距为 5mm 时，FRP-混凝土-钢管组合方柱的轴向荷载-侧向挠度曲线与轴心受压情况相似；当偏心距为 15mm、30mm、45mm 时，FRP-混凝土-钢管组合方柱的轴向荷载-侧向挠度变化曲线发展趋势相似，仅下包面积随偏心距的增大而越来越小，即吸收能量的能力逐渐减小。

（4）基于平截面假定和条带划分方法，提出了适用于 FRP-混凝土-钢管组合方柱偏压承载力计算的截面分析理论模型；通过建立混凝土应力-应变关系第二部分直线斜率与偏心距的关系，考虑了应变梯度的影响。

（5）利用截面分析模型，分析了环向 FRP 层数、轴向 FRP 布层数和钢管厚度等参数对轴力-弯矩关系曲线的影响。FRP-混凝土-钢管组合方柱轴力-弯矩关系曲线与普通钢筋混凝土柱类似。随着轴向 FRP 层数的增多，曲线内侧包含的面积增大且曲线的拐弯点逐渐向右下方移动。随着环向包裹 FRP 层数的增多，组合方柱极限轴力和极限弯矩均得到了显著提高；当偏心距超过界限点后，增大趋势明显降低；曲线的拐弯点呈现向右上方移动的趋势。由纯压状态到纯弯状态的过程中，轴向 FRP 层数对曲线的影响逐渐增强，而环向 FRP 层数对曲线的影响却逐渐减弱，纯弯状态时，环向 FRP 层数对极限弯矩没有明显影响。环向 FRP 布和受拉侧轴向 FRP 布约束程度的改变对 FRP-混凝土-钢管组合方柱 N-M 关系曲线的发展趋势产生了截然不同的影响。因此，基于参数分析结果，可以根据组合方柱所处的具体受力条件，对外部 FRP 管的缠绕（成型）方式进行优化设计。

（6）将偏压荷载下 FRP-混凝土-钢管组合方柱截面的混凝土和钢管不规则应力图等效为矩形应力图，以相应的界限偏心距为区分，建立了钢管截面不同受压状态下 FRP-混凝土-钢管组合方柱偏压承载力的简化计算公式，且计算值与试验值符合较好。

本章参考文献

[1] Li J, Hadi M N S. Behaviour of externally confined high-strength concrete columns under eccentric loading [J]. Composite Structures，2003，62（2）：145-153.

[2] Hadi M N S. Behaviour of FRP strengthened concrete columns under eccentric compression loading [J]. Composite Structures，2007，77（1）：92-96.

［3］Hadi M N S. Behaviour of FRP wrapped normal strength concrete columns under eccentric loading ［J］. Composite Structures，2006，72（4）：503-511.

［4］魏华. CFRP 加固局部强度不足混凝土柱受压力学性能研究 ［D］. 大连：大连理工大学，2009.

［5］陶忠，于清，滕锦光. FRP 约束方形截面钢筋混凝土偏压长柱的试验研究 ［J］. 工业建筑，2005（09）：5-7.

［6］陶忠，韩林海，黄宏. 方中空夹层钢管混凝土偏心受压柱力学性能的研究 ［J］. 土木工程学报，2003（02）：33-40.

［7］王志滨，陶忠，韩林海. 矩形钢管高性能混凝土偏压构件承载力试验研究 ［J］. 钢结构，2005（05）：54-57.

［8］Yu T，Wong Y L，Teng J G. Behavior of hybrid FRP-concrete-steel double-skin tubular columns subjected to eccentric compression ［J］. Advances in Structural Engineering，2010，13（5）：961-974.

［9］Yu T，Wong Y L，Teng J G, et al. Flexural behavior of hybrid FRP-concrete-steel double-skin tubular members ［J］. Journal of Composites for Construction，2006，10（5）：443-452.

［10］Yu T，Teng J G，Wong Y L. Stress-strain behavior of concrete in hybrid FRP-concrete-steel double-skin tubular columns ［J］. Journal of Structural Engineering ASCE，2010，136（4）：379 389.

［11］卢哲刚，姚谏，陈柏新. FRP 管-混凝土-钢管组合柱的界限长细比 ［J］. 空间结构，2013（01）：85-90.

［12］黎德光. 偏压 PVC-FRP 管钢筋混凝土柱力学性能研究 ［D］. 合肥：安徽工业大学，2013.

［13］余志武，丁发兴. 圆钢管混凝土偏压柱的力学性能 ［J］. 中国公路学报，2008（01）：40-46.

［14］于峰. PVC-FRP 管混凝土柱力学性能的试验研究与理论分析 ［D］. 西安：西安建筑科技大学，2007.

［15］高丹盈，王代. FRP-混凝土-钢管组合方柱轴压性能及承载力计算模型 ［J］. 中国公路学报，2015（02）：43-52.

［16］Hadi M N S. The behaviour of FRP wrapped HSC columns under different eccentric loads ［J］. Composite Structures，2007，78（4）：560-566.

［17］过镇海. 钢筋混凝土原理 ［M］. 北京：清华大学出版社，2013.

［18］Louk Fanggi B A，Ozbakkaloglu T. Square FRP-HSC-steel composite columns：behavior under axial compression ［J］. Engineering Structures，2015，92：156-171.

［19］Yu T，Teng J G. Behavior of hybrid FRP-concrete-steel double-skin tubular columns with a square outer tube and a circular inner tube subjected to axial compression ［J］. Journal of Composites for Construction，2013，17（2）：271-279.

第6章 结论与展望

6.1 主要结论

基于对国内外有关 FRP 约束混凝土柱、中空夹层钢管混凝土柱、FRP-混凝土-钢管组合柱研究现状、试验研究和理论方法的总结与分析，本书设计了 FRP-混凝土-钢管组合方柱受压性能研究的试验方案。通过 FRP-混凝土-钢管组合方柱在单调和循环荷载作用下的轴压试验及 FRP 约束混凝土实心方柱、FRP 约束混凝土空心方柱等不同截面配置柱在单调荷载作用下的轴压试验，分析了 FRP-混凝土-钢管组合方柱轴压破坏的特征及轴压性能的影响因素，建立了 FRP-混凝土-钢管组合方柱轴压承载力计算的理论模型；基于对 FRP-混凝土-钢管组合方柱承载力影响因素的分析，提出了组合方柱轴压承载力简化计算模型及计算公式。通过 FRP-混凝土-钢管组合方柱在偏心荷载作用下的偏压试验，探讨了 FRP-混凝土-钢管组合方柱偏压性能的影响因素，建立了 FRP-混凝土-钢管组合方柱偏压承载力计算的截面分析模型；基于对钢管截面不同受压状态的分析，提出了 FRP-混凝土-钢管组合方柱偏压承载力的简化计算公式。本书研究结果为 FRP-混凝土-钢管组合方柱 FRP 约束特征值、空心率和钢管径厚比的选择以及优化设计提供了试验数据和理论参考，为促进 FRP-混凝土-钢管组合方柱在工程中的应用提供了理论模型和简化计算公式。主要结论如下：

（1）组合方柱（包括 FRP 约束混凝土实心方柱对比试件）和组合圆柱试件均以中部一定范围内 FRP 布被环向拉断（裂）而破坏，且一般是搭接区围角的对角角隅最先拉断（裂）。通过分析两个完全相同组合柱试件的破坏形态与承载力发现，组合方柱的极限承载力与破坏位置密切相关，如果破坏发生在方柱的近端部，甚至柱头加强区，则相应组合方柱的承载力将会有不同程度的降低。因此，试验中应采取措施保证破坏发生在组合柱（高度）中部一定范围。

（2）基于对单个 FRP-混凝土-钢管组合方柱试件承载力组成的分析发现，FRP-混凝土-钢管组合方柱极限承载力较钢管与混凝土承载力的简单叠加值提高 9%～41%，说明组合方柱充分发挥了钢管受压和 FRP 受拉的优点。通过不同截面配置的组合方柱承载力的对比分析，空心率 0.51、钢管径厚比 17.7 的组合方柱试件的峰值荷载与相同外部约束条件下 FRP 约束混凝土实心方柱的很接近。进一步说明组合方柱的优势及在水利等工程领域的应用前景。基于对截面配置的研究结果，可对 FRP-混凝土-钢管组合方柱进行优化设计，使组合方柱既满足承载的设计要求，又具有较强的耐腐蚀性，且施工方便；如有需要，组合方柱内部的空心还有利于各种管线的通过。

（3）外层 FRP 约束特征值对 FRP-混凝土-钢管组合方柱和组合实心方柱轴压性能均有显著影响。外缠 4 层 GFRP（系列 2）的组合方柱试件和外缠 2 层 CFRP＋2 层 GFRP（系列 3）的组合方柱试件，在轴向荷载-应变曲线出现拐点后，随轴向应变的增加，轴向荷载仍持续增长，而外缠 2 层 GFRP 布（系列 1）的组合方柱试件与 FRP 约束混凝土实心方柱试件类似，轴向荷载在拐点后基本保持不变或略有降低。以系列 2 为例，与系列 1 相比，其承载力提高 21.7%～25.9%，轴向峰值应变提高 22.7%～81.5%。FRP-混凝土-钢管组合方柱的混凝土轴向应力-应变曲线上升段后期的斜率比相应 FRP 约束混凝土实心方柱略有减小，说明在弹性段后，随着荷载的增加，内钢管和外 FRP 管很好地约束了组合方柱中的混凝土，使柱的耗能能力提高。

（4）FRP 约束特征值对 FRP 约束混凝土空心方柱的影响程度有所降低。当空心率为 0.72 时，2 层 FRP 布约束混凝土空心方柱的承载力与 4 层 FRP 布约束混凝土空心方柱的承载力基本相同，最大增长幅度仅为 9.4%。间接说明 FRP-混凝土-钢管组合方柱中的内部钢管对混凝土的破坏和剥落起到了很好的约束作用。

（5）内钢管径厚比对 FRP-混凝土-钢管组合方柱的轴压性能有显著的影响。当钢管径厚比小于 20（如 16.1）时，组合方柱内混凝土轴向应力和延性比 FRP 约束混凝土实心方柱有较大提高，其中承载力提高 7%～26.5%，而钢管径厚比大于 20（如 25.1）的组合方柱试件的承载力则低于相应 FRP 约束混凝土实心方柱的承载力。

（6）循环轴压荷载对 FRP-混凝土-钢管组合方柱极限承载力的影响不明显，且组合方柱仍然具有良好的延性。随着卸载/再加载循环次数的增多，FRP-混凝土-钢管组合方柱的塑性变形增大。循环荷载作用下，FRP-混凝土-钢管组合方柱承载力随钢管径厚比的减小而逐渐增大，当径厚比由 25.1 减小至 16.1 时，极限承载力增大约 9.7%。

（7）通过将方柱等效为圆柱，分析外层 FRP 管、内层钢管和夹层混凝土的极限状态，基于极限平衡理论及对 FRP-混凝土-钢管组合方柱受力的分析，建立了 FRP-混凝土-钢管组合方柱轴压承载力计算的理论模型。

（8）基于对空心率、钢管径厚比以及 FRP 布层数对组合方柱轴压承载力影响的分析，将 FRP-混凝土-钢管组合方柱轴压承载力看作由夹层弱约束区混凝土、强约束区混凝土以及钢管三部分组成，通过对夹层混凝土和钢管承载力的分析，提出了 FRP-混凝土-钢管组合方柱轴压承载力的简化计算模型；结合本书和相关文献对 FRP 布约束混凝土实心方柱、空心方柱以及 FRP-混凝土-钢管组合方柱试验结果的对比分析，提出了 FRP-混凝土-钢管组合方柱轴压承载力的计算公式。

（9）偏心荷载作用下，FRP-混凝土-钢管组合方柱高度中间截面轴向应变沿横截面边长的变化接近线性。组合方柱试件的承载力随荷载偏心距的增大而显著降低。随着受拉侧轴向 FRP 布由 1 层增为 2 层，轴向荷载-侧向挠度变化曲线呈现更加刚性化的特征，其中极限承载力提高 3.6%～13%。当偏心距为 15mm、30mm、45mm 时，FRP-混凝土-钢管组合方柱的轴向荷载-侧向挠度变化曲线发展趋势相似，仅下包面积随偏心距的增大而越来越小。

（10）基于平截面假定和条带划分方法，提出了 FRP-混凝土-钢管组合方柱偏压承载力计算的截面分析理论模型；利用该模型，分析了环向 FRP 层数、受拉侧轴向 FRP 布层数和钢管厚度等参数对轴力-弯矩关系曲线的影响。随着轴向 FRP 层数的增多，曲线内侧包含的面积增大，截面所能承受的荷载组合的范围增大，曲线的拐弯点向右下方移动。随着外层环向 FRP 约束的增强，组合方柱极限轴力和极限弯矩均得到了显著提高，当偏心距超过界限点后，增大趋势明显降低，纯弯状态时，横向 FRP 层数对组合方柱极限弯矩没有明显影响，曲线的拐点呈现向右上方移动的趋势。环向 FRP 布和受拉侧轴向 FRP 布约束程度的改变对 FRP-混凝土-钢管组合方柱 N-M 关系曲线的发展趋势产生了截然不同的影响。因此，基于参数分析结果，可以根据组合方柱所处的具体受力条件，对外部 FRP 管的缠绕（成型）方式进行优化设计。

（11）将偏压荷载下 FRP-混凝土-钢管组合方柱截面的混凝土和钢管不规则应力图等效为矩形应力图，以相应的界限偏心距为区分，建立了钢管截面不同受压状态下 FRP-混凝土-钢管组合方柱偏压承载力的简化计算公式。

6.2 展望

目前，国内外对 FRP-混凝土-钢管组合方柱受压性能的研究较少。为促进这种新型组合柱在水利、交通及工业与民用建筑等工程领域的应用，尤其是处于沿海水位变化区等易腐蚀环境的应用，本书进行了轴向荷载作用下 FRP-混凝土-钢管组合方柱受压性能的研究，建立了相应的承载力计算模型和公式。由于研究时间、研究条件以及笔者水平等的限制，本书关于 FRP-混凝土-钢管组合方柱受压性能的研究并不全面和深入，仍有很多工作需要进一步深入探讨，主要包括：

（1）采用先进的试验测试技术及设备进一步开展广泛的试验研究。如采用倾角仪等量测偏压荷载下 FRP-混凝土-钢管组合方柱的曲率；采用 MTS 等先进加载设备对循环轴压试验中的加载和卸载进行精准控制。

（2）本书的 FRP-混凝土-钢管组合方柱偏压性能试验研究，仅考虑了偏心距和受拉侧轴向 FRP 布层数两个影响因素，需要进一步研究其他因素的影响，如 FRP 管的类型、混凝土强度、钢管规格及长细比等。

（3）单调和循环荷载下 FRP-混凝土-钢管组合方柱轴压性能的进一步理论研究。

如建立 FRP-混凝土-钢管组合方柱中混凝土的应力-应变关系计算模型以及基于塑性理论的分析模型，借助有限元软件对 FRP-混凝土-钢管组合方柱的受压性能进行模拟分析等。

（4）开展矩形截面 FRP-混凝土-钢管组合柱的轴压试验，为验证本书的有关公式（如第 5 章截面形状修正系数 k_F）等充实更多的试验数据，使公式有更广的普适性。